AF466923

COMPTE RENDU

PAR UN GÉRANT A SES COMMANDITAIRES,

OU

HISTOIRE

DE LA SOCIÉTÉ DES HAUTS FOURNEAUX ET FORGES

DE LA MAISON-NEUVE ET ROSÉE,

Pour servir à l'arbitrage ordonné par M. le président du tribunal de commerce de la Seine, le 19 juin 1840, à la requête du comité de surveillance de cette Société.

AVANT-PROPOS.

J'ai fait ce travail à la sollicitation de mes amis, et pour un besoin de circonstance.

Depuis longtemps les premiers me disaient : Justifiez-vous, confondez vos accusateurs. Me justifier? et de quoi ? dites-moi de quoi l'on m'accuse. Effectivement j'ai eu le privilége de tous les caractères forts et droits : on a sourdement répandu sur moi toutes sortes de méchantes insinuations, et d'inculpations vagues; mais personne n'est venu se poser publiquement en face de moi, et articuler nettement des griefs déterminés.

Car je ne puis prendre au sérieux la comédie du 16 mars, ni les personnages qui l'ont jouée.

Quels accusateurs poursuivre? Autant ils avaient été ardens à me blesser par derrière, autant ils auraient été empressés à fuir, dès que je me serais retourné pour les combattre.

Or la justification est bien sotte (qu'on me permette l'expression), quand l'accusation se dérobe, et se défend de l'avoir provoquée. Il y a plus : elle rend suspect.

J'étais dans un grand embarras.

Mais aujourd'hui une occasion s'est présentée d'exposer ma conduite : de cet exposé, si j'en crois ma conscience, doit résulter quelque chose de mieux qu'une justification.

Après avoir détruit mon ouvrage, l'intrigue veut s'emparer des ruines qu'elle a faites; après m'avoir provisoirement révoqué, et empêché de remettre à flot l'entreprise sociale, elle a demandé la liquidation définitive de la Société, c'est-à-dire la fin de toutes les espérances, et la faculté laissée à d'autres de profiter des expériences faites et des malheurs soufferts. Des arbitres sont chargés de légitimer cette scandaleuse conduite, et de faire triompher ces projets spoliateurs.

J'espère qu'après m'avoir lu, qu'après m'avoir entendu, ces juges équitables écarteront les indignes qui ont sacrifié à leur basse jalousie l'intérêt général, et que, si les maux qu'ils nous ont causés étaient irréparables, s'ils avaient empêché l'affaire de vivre, au moins il leur serait interdit de venir empirer ses derniers momens.

Pour moi, mon ambition serait de sauver cette affaire, et de conserver l'avenir à ses possesseurs actuels. Si je ne le puis, je voudrais du moins qu'il me fût donné d'en rendre la liquidation aussi fructueuse que possible, et d'empêcher que ses maîtres d'aujourd'hui ne soient trop sacrifiés à ceux de demain; car ceux-ci auront toujours une assez belle part. Enfin mon but plus personnel est surtout que justice me soit rendue. Je compte sur cette justice de la part de MM. les arbitres et de tous mes lecteurs de bonne foi. Et si quelqu'un croit pouvoir dire qu'il eût conduit avec plus de loyauté, de prudence et de dévouement, une affaire qui a rencontré tous les écueils imaginables, qu'il vienne, qu'il parle, qu'il le démontre : je l'attends.

G. MADOL,

Gérant de la Société des hauts fourneaux et forges de la Maison-Neuve et Rosée.

Paris, 1er août 1840.

I.

OPÉRATIONS DE FABRICATION, DE CONSTRUCTION, D'APPROVISIONNEMENT : insuffisance de M. de Nansouty; le banquier suspend ses payemens; M. de Nansouty est un fardeau pour la Société; système de tolérance, de paix, de conservation suivi pendant une année.

Quelles conditions étaient nécessaires pour faire prospérer sur-le-champ l'entreprise sociale?

Les forges de la Maison-Neuve et Rosée ont été cédées par M. de Nansouty père à la Société actuelle pour la somme de 1,350,000 fr. Si c'était un prix au-dessus de leur valeur intrinsèque, pouvaient-elles avoir une valeur industrielle représentée par ce chiffre, c'est-à-dire, en vertu des avantages de leur position, étaient-elles aptes à donner un revenu annuel de 250 à 300,000 fr., soit plus de 10 pour 100 du capital total engagé dans l'entreprise? Je n'en doute pas, mais à deux conditions :

La première était qu'elles fussent dans toutes leurs parties de bonne qualité, si je puis ainsi parler, et en bon état. Or à l'user j'ai dû reconnaître que le cours d'eau, outre qu'il n'avait pas la force que lui attribuait M. de Nansouty, ne valait rien pendant six mois de l'année; que la machine à vapeur, qui n'a pas encore pu fonctionner, ne serait peut-être jamais capable d'aucun service; que la plupart des mécanismes étaient ou délabrés, ou mal montés, ou vicieux en principe;

La seconde condition était que les hauts fourneaux fussent achevés et mis en feu dans le délai d'un an : or ils ne le sont pas encore aujourd'hui.

Je me suis consumé depuis deux ans à lutter contre les péchés originels de cette affaire. Nouveau venu, chargé spécialement de la partie commerciale, c'est-à-dire de la comptabilité et de la vente, j'ai laissé pendant un an mes collègues et leurs employés maîtres des usines, qu'ils avaient la prétention de conduire en bons maîtres de forges; bien que ne pouvant m'empêcher de donner des conseils et de faire des observations toujours utiles, souvent nécessaires, j'ai d'abord assisté comme un simple témoin à la fabrication; et cette expérience m'a contraint par ses fâcheux résultats à vouloir prendre un tout autre rôle : on verra quel succès a suivi ma tentative. On verra que tous mes autres efforts ont été inutiles, quelque grands, quelque persévérans qu'ils fussent, pour n'avoir été ni compris, ni secondé, loin de là, pour avoir rencontré sans cesse une opposition inerte ou hostile. Partout des hommes inférieurs, par leur capacité ou par leur caractère, à leur tâche et à leur position : voilà ce qui condamnait fatalement à l'insuccès le premier élan d'une entreprise qui, du côté des choses, avait tout pour réussir.

Prise de possession des usines par la Société.

Quand j'arrivai à la Maison-Neuve, au mois de mai 1838, la prise de possession des usines eut lieu avec régularité, bien que sans interrompre le travail. L'existence du mobilier, indiqué par M. de Nansouty comme joint à son apport immobilier, fut vérifiée. Les matières et les marchandises lui furent reprises par une suite d'inventaires partiels à des prix calculés. Il était occupé à reconstruire en partie la forge de la Maison-Neuve, et à en renouveler les mécanismes : l'achèvement de ces travaux, conformément à ses annonces et devis, fut expressément réservé comme condition d'une réception définitive de l'immeuble. Et en effet toutes les dépenses qui y avaient trait, en matières et main-d'œuvre, ont été payées par lui, ou portées au débit de son compte.

Histoire de la première année de fabrication.

Cette année l'eau fut très-abondante, et nous fabriquâmes jusqu'au 20 de juillet. Je fus par là trompé sur la valeur du cours d'eau, d'autant plus qu'on m'invitait à attendre encore des années meilleures.

L'été fut employé à creuser la rivière pour jouir du supplément de chute acquis par M. de Nansouty, et cédé par lui à la Société.

État des machines hydrauliques, du cours d'eau et de la machine à vapeur. Chômages ruineux.

Mais on ne s'occupait pas assez de la machine à vapeur, qui ne réclamait, disait-on, que quelques réparations. Le nouvel équipage hydraulique, destiné à remplacer l'ancien, ne se montait que lentement. Il ne fut prêt qu'en novembre. Il se trouva qu'on y avait oublié la place d'un marteau. On y intercala une presse mal faite qui le surchargea. La grande roue se trouva également mal faite et inférieure à l'ancienne. Les engrenages étaient trop multipliés et trop éloignés les uns des autres. Tout l'ensemble enfin était manqué. On mit ces défauts sur le compte d'un ingénieur que j'avais dès le mois de septembre remercié de ses services.

Ainsi l'on ne profita guère des eaux d'octobre et de novembre; et le chômage se prolongea partiellement durant ces mois, faute de la machine à vapeur. Vinrent les glaces et les inondations. Nouveaux chômages. A la fin de mars, on me déclara qu'il fallait absolument ôter la presse. On se proposait d'y substituer deux marteaux adaptés à l'équipage par un mécanisme ingénieux. La pose n'en devait durer que huit jours ; elle dura six semaines; et ce temps, qui est celui des meilleures eaux, fut encore un temps de chômage, toujours faute de la machine à vapeur.

Les marteaux se trouvèrent aussi lourds, plus incommodes et d'un entretien plus coûteux que la presse; ils me la firent regretter.

Enfin les eaux, cette année, cessèrent dès la fin du mois de mai. Et la machine à vapeur, toujours promise, et toujours en retard, nous laissa dans l'inaction jusqu'au mois d'octobre suivant.

Le personnel d'ouvriers d'une forge étant difficile à composer, on est souvent forcé de conserver et de payer ses ouvriers pendant les chômages : aussi ces temps d'inaction sont-ils la ruine du maître de forges. Ils nous faisaient perdre environ 10,000 fr. par mois, en joignant les frais d'administration à ceux de main-d'œuvre. Par conséquent n'ayant pu travailler, par absence de moteurs, pendant tout ou partie des mois d'août, septembre, octobre et décembre 1838, avril, mai, juin, juillet, août, septembre et octobre 1839, en tout au moins sept mois pleins, nous avons perdu par ce seul fait 70,000 fr., et un bénéfice d'au moins 30,000 fr. sur un million de kilogrammes de fers que nous aurions fabriqués pendant ces sept mois : en tout 100,000 fr.

Mesures prises à l'égard de la machine à vapeur.

Cependant, au mois de janvier 1839, un ouvrier mécanicien de Paris, et plus tard un ingénieur, étaient venus, sur mon invitation, pour s'occuper spécialement de mettre en état cette malheureuse machine à vapeur. Un atelier d'ajustage avait été monté par eux à cet effet. Au bout de onze mois, c'est-à-dire au mois de décembre 1839, ils n'en avaient pas encore achevé la restauration.

Résumé. Situation assez satisfaisante après un an.

Du reste, nous n'étions pas en perte : M. de Nansouty ayant cédé à la Société, pour sa fabrication, des fontes à fer au-dessous du cours, en attendant celles des hauts fourneaux, et les fonds déposés chez le banquier de la Société ayant produit des intérêts, au mois de mai 1839 nous avions en bénéfice réel 55,000 fr.

Certes, c'était avoir traversé fort heureusement une année signalée par bien des mécomptes. Mes espérances n'avaient jusqu'alors reçu qu'une faible atteinte. Mais voici venir l'époque qui prélude à nos revers.

Construction des hauts fourneaux. Activité suivie de lenteurs.

Après le renvoi de l'ingénieur dont j'ai parlé plus haut, M. de Nansouty, qui le voyait du plus mauvais œil, n'avait pas voulu le conserver non plus pour son entreprise de la construction des hauts fourneaux. Il s'était mis lui-même à la direction de détail de cette entreprise, et l'avait poussée avec un grande activité à partir du mois de septembre 1838. Il me promettait, la mise en feu d'un fourneau pour le mois de février suivant. Ensuite il l'ajourna au mois de mai. Puis il demanda jusqu'à la fin de juillet pour en terminer deux. Bref, il en fut des fourneaux comme de la machine à vapeur.

Acquisition de matières premières pour alimenter les hauts fourneaux.

Cependant M. de Nansouty fils, qu'on disait expert en matière de bois, aidé d'un employé fort entendu et fort actif, avait commencé dès l'automne de 1838 des achats de bois pour l'alimentation des quatre hauts fourneaux promis par son père. De concert avec celui-ci, il avait décidé que le meilleur système à suivre était d'acheter les bois sur pied, pour les exploiter nous-mêmes, en revendre les marchandises, et en carboniser les cordes propres à cet usage. C'est ce qui obligeait de s'y prendre si longtemps d'avance. MM. de Nansouty avaient encore jugé qu'il était d'une bonne politique de couper les vivres à nos confrères de l'Armançon, de leur enlever impitoyablement tous les bois qui étaient à notre commune convenance, et de repousser toutes les offres de partage qu'ils nous firent. M. de Nausouty fils se mit vivement à l'œuvre d'après ces principes, et, à partir du printemps de 1839, notre halle se remplit de charbon de bois.

L'exploitation des minerais fut également établie, et les marchés de transports passés à cette époque.

Quelle perspective offrait la seconde année?

Tout était donc prêt pour un grand développement; l'on n'attendait que M. de Nansouty père, avec ses hauts fourneaux et sa machine à vapeur.

Suspension des payemens du banquier de la Société. Diminution considérable et subite des ressources pécuniaires. Moment de crise.

Le 10 mai 1839 arriva la malheureuse suspension de payemens du banquier que les statuts avaient désigné pour recevoir les fonds sociaux des mains des souscripteurs. Il lui restait encore de ces fonds environ 90,000 fr.; il était lui-même souscripteur de 160 actions qu'il ne put payer; enfin il n'avait pu faire rentrer le produit de 171 actions souscrites par diverses personnes. Au total, 421,000 fr. se trouvaient manquer dans la réalisation du capital social. Or comme la propriété avait été soldée, que 360,000 fr. des 500,000 fr. affectés à la construction des hauts fourneaux avaient été touchés par M. de Nansouty, ce déficit atteignait le fonds de roulement qui devait être de 800,000 fr., et la réserve de 140,000 fr., destinée à l'achèvement des hauts fourneaux.

Il ne restait donc en tout, pour marcher et finir les constructions, au lieu de 940,000 fr., que 519,000 fr., et les dividendes à provenir de la liquidation du banquier.

C'était encore une assez belle somme, et peut-être eût-elle suffi si nous y eussions été réduits avant de prendre l'essor ; mais il était trop tard. Le placement le plus lucratif à faire des 800,000 fr. du fonds de roulement, était de les consacrer à payer les approvisionnemens au comptant ou à des termes rapprochés, moyennant l'escompte commercial de 6 pour 100, bien supérieur à l'intérêt de banque, qui n'est guère que de 3 à 4 pour 100. C'est ainsi que nous avions opéré. Nous nous étions aussi rendus longtemps d'avance acquéreurs des coupes de bois que la concurrence aurait pu nous disputer ; c'était un second avantage. Enfin un tel emploi de nos fonds présentait, outre la convenance, une sécurité parfaite.

Ainsi l'événement qui venait nous priver tout d'un coup de 250,000 fr., indépendamment de 171,000 autres fr., sur lesquels nous étions avertis depuis quelque temps de ne plus compter, devait nous laisser dans un grand embarras vis-à-vis des obligations, proportionnées à nos anciennes ressources, que nous avions contractées.

Remèdes.

Dans cette situation, il y avait deux moyens de salut :

Un emprunt pour nous aider, passagèrement du moins, et jusqu'à la réalisation des 330 actions qui restaient impayées à la souche ;

Le prompt achèvement des hauts fourneaux, afin de convertir nos charbons et nos minerais en fontes, celles-ci en fers, et les fers en rentrées d'argent.

Je les embrassai tous deux.

Assemblée générale. Autorisation d'emprunt

Après avoir couru pendant quinze jours pour rassurer et couvrir les porteurs d'acceptations du banquier en suspension, je vins à Paris et convoquai une assemblée générale. Cette assemblée eut lieu le 28 juin. La situation y fut exposée aux actionnaires, et l'autorisation d'hypothéquer la propriété pour contracter un emprunt m'y fut accordée. Par mes soins à Paris, et par ceux d'un actionnaire à Lille et en Belgique, les fonds ramassés pour servir à cet emprunt s'élevaient, au mois de juillet, à près de 200,000 fr.

Importance de l'exécution du traité à forfait pour l'érection des hauts fourneaux dans le délai d'un an.

L'histoire de la construction des hauts fourneaux se lie avec celle des affaires personnelles de M. de Nansouty père. Il en était l'entrepreneur à forfait, moyennant la somme de 500,000 fr. que lui allouait la Société, et qui devait lui être comptée par payemens mensuels. Il avait promis de les livrer à la Société tout achevés et prêts à marcher dans le délai d'un an, c'est-à-dire au 15 mai 1839. *Cette promesse était la clef de voûte de toute entreprise*, les hauts fourneaux étant la vraie source des bénéfices annoncés. Pour pouvoir utiliser les forges pendant la première année, ils étaient obligés de leur fournir 1,500,000 kilogrammes de fontes, provenant des hauts fourneaux d'Ancy-le-Franc et de Frangey, qu'il tenait à bail du marquis de Louvois, et à ne coter ces fontes qu'à leur prix de revient le moins élevé, 140 fr. les 1,000 kilogrammes.

M. de Nansouty était-il capable de tenir par lui-même ses engagemens?

Ce double engagement assurait notre avenir. Mais il ne suffisait pas de l'avoir contracté, il fallait avoir la puissance de le tenir. Or quels obstacles, naissant de la situation et du caractère de M. de Nansouty, empêchaient qu'il exécutât des conventions faites témérairement mais de bonne foi?

Nécessité de l'aider dans ses affaires personnelles.

M. de Nansouty, sous le nom de ses fils, avait à faire la liquidation de ses affaires personnelles, qui depuis longtemps étaient très-malheureuses. Les charges de cette liquidation étaient énormes; elles dépassaient la somme de *deux millions* de francs, sans être à beaucoup près compensées par des ressources équivalentes, surtout en numéraire ou en valeurs aisément réalisables. Pour se tirer d'une position si critique, M. de Nansouty n'avait ni la science, ni l'esprit, ni le goût des affaires : ce sont choses qu'il n'a jamais possédées, qu'il ne s'est même jamais efforcé d'acquérir, ayant eu pour but dans ses entreprises individuelles, non le lucre, mais la satisfaction d'une violente passion d'amateur pour tout ce qui constitue la science de l'ingénieur et du maître de forges.

Il était donc clair que s'il n'était pas secouru de deux façons, et dans la gestion commerciale de sa liquidation, et dans le dénûment financier auquel il était fréquemment réduit, attaqué de toutes parts, et mis en quelque sorte aux abois par cette hydre commerciale contre laquelle il était impropre à combattre, il n'aurait pas eu un seul instant, une seule pensée à consacrer à la construction de ses hauts fourneaux; et il n'aurait pu, faute de capitaux, ni maintenir en feu, ni même conserver, comme on le verra plus tard, ceux de Frangey et d'Ancy-le-Franc.

Etait-il prudent et possible de lui refuser tout secours?

D'ailleurs il aurait fini, après s'être longtemps débattu, par tomber en faillite; événement dont le contre-coup, atteignant l'entreprise sociale, en eût arrêté l'essor pour une durée qu'on ne peut prévoir; car les hauts fourneaux de la Maison-Neuve auraient entièrement cessé de se bâtir; les forges, ne recevant plus de ceux d'Ancy-le-Franc et de Frangey des matières premières à un prix convenable, auraient dû chômer; le désarroi eût été dans l'intérieur de l'établissement, le discrédit au dehors; les capitaux fussent restés stagnans; enfin la confusion, si facile à faire, entre les affaires privées de M. de Nansouty et celles de la gérance, nous aurait attiré de la part des créanciers du premier, par erreur ou par mauvaise foi, des difficultés de tout genre et des procès sans nombre.

Je n'eus longtemps que des données incomplètes, et même tout à fait fausses, sur les embarras de M. de Nansouty, qui, à mes yeux, auraient été un obstacle invincible à la formation de la Société. Ensuite, comme il sollicitait fréquemment mon aide et mes conseils; comme mon affection personnelle envers lui, et un étroit lien de famille avec un homme qui, par dévouement autant que par intérêt, s'était fait en quelque sorte son tuteur, me prescrivaient de les lui accorder libéralement; je fus conduit par degrés à reconnaître le périlleux état de choses que je viens d'exposer.

Ma perplexité fut grande; toutefois à côté des considérations précédentes m'en apparurent d'autres qui emportèrent la balance: la partie était engagée; le lien formé entre M. de Nansouty et la Société était presque indissoluble de sa nature; une tentative de séparer les deux causes et de sacrifier M. de Nansouty ne pouvait être que très-hasardeuse, parce que mon collègue se serait révolté contre cette tentative, et qu'avec les pouvoirs, avec la signature sociale dont il était armé, il fallait tout craindre de son désespoir. De plus, une ligue d'intérêts lésés, de convenances froissées, d'espérances déçues, se serait formée dès les premiers déchiremens qui se seraient manifestés dans l'affaire, et m'aurait fait une opposition que je ne pouvais vaincre ni par crédit, ni par autorité, ni par démonstration de ce qui se démontre le moins; les prévisions fâcheuses; les clameurs auraient étouffé ma voix; je me serais fait détester et maudire sans fruit; on m'aurait imputé les perturbations dont ma manière rigoureuse de voir et d'agir eût donné le signal, et tous les maux qui s'en seraient suivis; enfin j'aurais échoué tristement pour moi, malheureusement pour tous.

Le meilleur parti que j'avais à prendre, celui que me dicta mon courage, c'était, pour protéger et servir utilement les intérêts qui m'étaient confiés, d'accepter la situation avec toutes ses difficultés et tous ses risques, de ne rien briser prématurément, d'aider à tout autant que possible et dans une juste mesure; en un mot, de suffire, à force de dévouement, à une tâche doublée par les circonstances.

Assistance prêtée à sa liquidation.

A côté de mes inquiétudes, l'insouciance de mes collègues était merveilleuse. Depuis que M. de Nansouty s'appliquait à la construction de ses hauts fourneaux, depuis que son fils s'était lancé dans les bois, ils oubliaient tellement le soin de leurs propres affaires, que si je n'y avais pas veillé pour eux, tout aurait été pour ainsi dire à vau-l'eau ; heureusement que leur personnel était au fait, et que je ramenais de temps en temps sur ce personnel l'œil du maître, ou que ma seule présence y suppléait. Le travail courant se faisait ainsi comme de lui-même. Quant à tous les problèmes difficiles dont leur liquidation était remplie, ils s'adressaient à moi pour les résoudre.

Surveillance exercée sur la construction des hauts fourneaux. Soins administratifs donnés à cette entreprise.

Je veillais à ce que les fonds destinés à la construction des hauts fournaux y fussent employés autant qu'il était nécessaire ; à ce que les reviremens généraux de la liquidation, après les avoir momentanément emportés ailleurs, les rendissent à cette destination sacrée. Il fallut cependant bien tolérer que le bénéfice du constructeur fût prélevé par avance, et servît à le sauver des embarras qui l'eussent détourné de son entreprise. L'objet essentiel auquel il fallait tout subordonner et beaucoup sacrifier, c'était que cette entreprise ne souffrît pas, qu'elle fût vivement poussée, et qu'elle s'achevât en temps utile. Non-seulement je n'épargnais rien afin d'exciter et de soutenir le zèle de M. de Nansouty à cet égard, mais, prenant encore un nouveau fardeau pour alléger le sien, je l'avais déchargé presque entièrement des soins administratifs considérables que réclamaient des travaux de cette importance. Il n'avait besoin, pour les bien mener, que d'être un homme tout spécial.

Urgence de résilier le marché à forfait et de reprendre les hauts fourneaux pour compte de la Société au 15 mai 1839.

Cependant, malgré ses efforts et les miens, faute de temps et peut être de méthode, il atteignit le mois de mai, époque fixée pour la livraison, sans avoir terminé sa tâche. Voyant que du moins il avait produit une masse de constructions qui pouvaient, bénéfice compris, représenter les 360,000 f. touchés par lui sur les 500,000 f. ; calculant surtout que la réserve de 140,000 fr. bien employée serait plus que suffisante pour terminer les quatre hauts fourneaux, je conçus le projet de prendre livraison de tout ce qu'il avait fait, et de borner là l'exécution du forfait.

L'horizon de M. de Nansouty était alors si menaçant, que j'avais grande hâte de mettre la Société en possession de ses hauts fourneaux. En effet, qu'on juge de ce qui serait arrivé si, étant propriétaire des terrains des hauts fourneaux pour les avoir acquis, selon les statuts, de ses deniers personnels, et propriétaire des constructions en sa qualité, non de simple entrepreneur, mais d'entrepreneur à forfait, il était tombé en faillite !

M. de Nansouty, de son côté, voyant le but, qu'il avait cru plus proche, reculer pour ainsi dire devant lui, et sentant l'inutilité des efforts qu'il faisait pour l'atteindre, éprouvait, à l'approche du terme fatal, une impression croissante de malaise et d'inquiétude qui détournait et ralentissait son activité de la manière la plus visible. Les stimulans dont je le poursuivais ne faisaient que ce que fait un pareil remède en pareil cas, empirer le mal. Il fallait, pour lui rendre ardeur et courage, le soulager du poids d'une obligation désormais illusoire, et le mettre à l'aise en lui faisant une situation nouvelle.

J'ai dit comment, par l'événement du 10 mai, la prompte confection des hauts fourneaux nous devint doublement nécessaire. Ce fut un dernier motif pour me déterminer à faire sans hésitation cette reprise des hauts fourneaux au nom de la Société.

Toutefois, résilier le marché, en prenant sans restriction tout ce qui restait à faire à la charge de la Société, contre l'abandon des 140,000 fr. en réserve, c'était courir une chance de perte, dans le cas d'une insuffisance possible, quoique peu probable, de cette somme. M. de Nansouty, de son côté, pouvait s'attendre à un bénéfice sur cette même somme, croire que le traité lui imposait un sacrifice, et s'y prêter plus difficilement. Je trouvai moyen d'éviter cet inconvénient et cet obstacle.

Actes qui mettent la Société en possession des hauts fourneaux inachevés, et stipulent le mode et les conditions d'achèvement.

Entre M. de Nansouty et moi, stipulant pour la Société, il fut dit que les hauts fourneaux dans l'état où ils étaient, et qui est exactement décrit, les terrains sur lesquels ils étaient bâtis, ou qui avaient été achetés pour en dépendre, tous les matériaux en chantier ou ailleurs, préparés pour en continuer la construction, étaient par lui cédés à la Société moyennant la somme de 360,000 fr. qu'il avait touchée sur celle de 500,000 fr., prix total du forfait ;

que la Société disposerait des 140,000 fr. en réserve pour achever par elle-même la construction des hauts fourneaux ; que si cette somme n'y suffisait pas, M. de Nansouty serait redevable du surplus ; et que, si elle présentait un excédant, cet excédant appartiendrait à M. de Nansouty comme bénéfice.

Ainsi la Société devenait légalement propriétaire de ce qui lui appartenait en réalité. M. de Nansouty lui cédait des droits pour qu'elle lui remît des obligations ; enfin les hauts fourneaux ne devaient, à tout événement, lui coûter que la dépense prévue et fixée dans ses statuts.

Il me fut conseillé, pour éviter des droits considérables de mutation, de ne transmettre à la Société, par acte authentique, que la propriété des terrains, en déclarant que les constructions étaient son propre ouvrage et non celui de M. de Nansouty, et qu'en cela les statuts n'avaient pas été observés. Les véritables conventions restèrent donc à l'état d'acte sous seing privé non enregistré ; et la fiction dont je parle, et qui offrait toute sécurité, fut l'objet d'un acte notarié du 6 juin 1839.

Ces deux actes furent lus, expliqués, et unanimement approuvés dans l'assemblée du 28 du même mois.

Au mois de juin 1839, l'affaire était restaurée.

Je croyais avoir vaincu les événemens et replacé sur des bases nouvelles l'entreprise sociale.

J'ignorais les ravages qui se faisaient derrière moi, et la maladie intérieure qui, germant et se développant au sein de l'établissement même, en préparait la destruction et peut-être la mort.

C'est pendant les absences presque continuelles, auxquelles me força la crise dont je viens de parler, que s'est fomentée la discorde qui devait plus tard diviser toute la Société en deux camps, et bouleverser de fond en comble ses affaires.

II.

DISCORDE : la force des choses me brouille avec M. de Nansouty ; je donne ma démission ; M. de Nansouty se fait un allié de M. Bouaut.

Rivalité entre M. de Nansouty et moi.

C'est trop de deux soleils, avait dit un jour M. de Nansouty. Ce mot résumait tout ce qui se passait dans son âme, et indiquait qu'un orage, formé sourdement, n'attendait qu'un instant favorable pour éclater.

Caractère et antécédens de M. de Nansouty inconciliables avec ses devoirs et les miens.

Effectivement sa position, incompatible de tout point avec son humeur et ses habitudes, lui était devenue intolérable ; sa tâche le fatiguait et lui déplaisait.

Pendant cinq mois, l'enthousiasme du constructeur l'avait rempli tout entier, et avait absorbé toutes les vieilles tendances et toutes les passions mesquines ; mais le gros de son œuvre étant achevé, cet enthousiasme, déjà amorti par le temps, tombait tout à fait devant le détail par lequel il fallait finir, et il était remplacé par une répugnance extrême rebelle aux exigences croissantes de la situation.

Alors reparaissait l'homme, créateur et longtemps maître absolu de l'établissement, accoutumé à commander seul, à faire tout plier devant lui, à prodiguer une grande fortune pour contenter ses idées et ses fantaisies, sans s'inquiéter du succès, et sans rendre de compte à personne ; l'homme avec ses défauts, enracinés à la faveur d'une domination sans contre-poids, irascible, violent et aventureux ; l'homme qui s'étant toujours mal apprécié, ayant toujours pris, ou du moins ayant toujours voulu donner le change sur lui-même, consacrait une habileté remarquable à dissimuler sa faiblesse, à s'entourer du prestige de capacités qu'il ne possédait pas, au lieu de s'en tenir simplement à ses mérites réels ; jaloux et soupçonneux comme tous les faibles, écartant tout le monde de sa sphère, et redoutant toujours une éviction, parce qu'il ne se sentait pas nécessaire.

Il lui fallait obéir à un mandat, travailler, réussir, être critiqué avant et après l'exécution sur les qualités et le coût de ses œuvres, n'exercer le pouvoir qu'au nom et pour le compte d'autrui, le partager avec un nouveau venu, un rival, et voir même que ce rival tendait, par la force des choses, à le surmonter et à l'effacer complétement !

En effet, obligé de lui rappeler ses devoirs comme entrepreneur et comme gérant, lorsqu'il les négligeait moins par mauvais vouloir que par fatigue, par dégoût ou par impuissance, je représentais fâcheusement à ses yeux la suprématie de la Société à son égard. Ensuite, après lui avoir laissé pendant un an le champ libre pour exercer les attributions spéciales de maître de forges, qu'il s'était expressément réservées ainsi qu'à son fils ; convaincu qu'ils ne parviendraient jamais par eux-mêmes à monter ni à faire marcher convenablement les usines, j'avais, quoiqu'il en coûtât à mes pressentimens, pris la ferme résolution, qui perçait déjà par un commencement d'exécution, d'entrer dans leur domaine et d'y prendre la haute main, en utilisant leurs connaissances et en dirigeant leur action. Il n'y avait pas d'autre moyen de concilier leur coopération avec le bien-être de l'établissement, et je dois rendre à M. de Nansouty fils la justice de proclamer qu'il le sentait comme moi et s'y serait prêté de bonne grâce.

Mes droits et ceux de la Société à la reconnaissance de M. de Nansouty devaient maintenir la concorde.

Au reste, je ne cessais de faire, en toute occasion, à M. de Nansouty père, *les honneurs* de la gérance ; et je me reposais trop d'ailleurs sur les services éminens dont il m'était redevable, pour jamais m'attendre à ce qui devait arriver. J'avais constamment veillé sur ses affaires, et les avais dix fois préservées du naufrage ; j'avais fait légitimer le prélèvement anticipé de bénéfice sur la construction des hauts fourneaux, auquel le dénûment l'avait forcé de recourir ; je l'avais fait absoudre de son retard à livrer ces hauts fourneaux ; j'avais encore toléré qu'il se fît un compte courant des avances dont il sera question tout à l'heure ; j'avais rendu de son fils et de lui-même, de leurs bonnes intentions et de leur zèle, soit devant la première assemblée, soit en toute autre occasion, le témoignage le plus favorable. Il devait à tous ces bienfaits l'existence et la considération commerciale, son présent et son avenir : il était juste qu'il fît des concessions en échange, et la reconnaissance devait étouffer un misérable amour-propre. Et puis, toute ma conduite étant dirigée vers un succès dont ma condescendance envers lui m'avait fait une sorte de loi, pouvait-il se plaindre avec quelque ardeur, avec quelque âpreté même, qu'il me vît y marcher ? Enfin la Société avait aussi bien des titres à ses égards et à sa reconnaissance, et la prospérité de l'entreprise devait exciter en lui une sollicitude plus forte que tout sentiment personnel. Par toutes ces raisons, je fus longtemps incrédule, et ne tins compte ni des avertissemens que je reçus, ni des symptômes d'un grand désordre prochain qui se manifestèrent sous mes yeux.

M. de Nansouty dissimule jusqu'à ce qu'il ait épuisé les services qu'il attend de moi.

La profonde dissimulation de M. de Nansouty, peut-être ses hésitations devant le mal qu'il allait commettre, concoururent à m'aveugler. Il me disait à l'assemblée générale du 28 juin, en me serrant la main sous la table, au moment où j'allais prendre la parole : « Gustave, quoi qu'il arrive, c'est entre nous à la vie, à la mort. » Et cependant ses batteries étaient préparées !....

Mais il redoutait cette assemblée, et sentait bien que j'étais son seul appui. En outre, sa détresse financière n'avait pas cessé, et il était sous le coup d'une dépossession ruineuse de son bail des hauts fourneaux d'Ancy-le-Franc et de Frangey, dont il ne pouvait payer les termes: à tel point qu'à peine hors de Paris, après l'assemblée, et regardant comme réalisé l'emprunt qu'elle avait simplement autorisé, il m'écrivait de lui envoyer 32,000 fr. pour acquitter son terme du 30 juin!

Je ne le fis pas, attendu que rien ne périclitait encore, que l'emprunt n'était pas conclu, et que j'étais effrayé de voir grossir indéfiniment le chiffre de sa dette envers la Société. Cette dette provenait de ce que, pour assurer la marche des fourneaux en question, dont les produits alimentaient nos forges, j'avais consenti à ce que la Société lui fît l'avance du prix des fontes qui devaient en provenir, jusqu'à concurrence des 1,500,000 kilogrammes qu'il s'était engagé à nous fournir. Sa position aurait rendu cet engagement, ainsi que je l'ai déjà dit, tout à fait illusoire, si je ne fusse venu à son secours.

Il résilie, par mon entremise, son bail des hauts fourneaux d'Ancy-le-Franc et Frangey, avec un bénéfice considérable.

Au reste, je croyais le moment venu de renouer les négociations de l'année précédente pour la résiliation de son bail, moyennant une indemnité que les nouveaux propriétaires, MM. Martenot frères, devaient lui allouer volontiers, tant pour s'affranchir des obligations onéreuses qui accompagnaient leur amodiation, qu'à cause du grand désir qu'ils avaient d'entrer en jouissance des hauts fourneaux et de les exploiter eux-mêmes. M. de Nansouty fils s'était rendu à Ancy-le-Franc dans ce but au commencement de juin; mais il avait complétement échoué dans sa démarche, et n'avait même pas réussi à entrer en pourparler avec MM. Martenot, bien que chargé de traiter avec eux pour 25,000 fr., et moins, s'il le fallait. M. de Nansouty père parvint à amener M. Martenot aîné à la Maison-Neuve, et nous mit en présence, en me priant de vouloir bien discuter à sa place et dans son intérêt, le traité de résiliation. Je lui fis obtenir une indemnité de 80,000 fr., une reprise avantageuse des matières qu'il avait en halle, et la cession de 200,000 kilogr. de fonte à un prix inférieur de 20 fr. par mille kilogr. au prix du cours.

Une compensation devait être établie à cause de ce prix des fontes, ainsi réglé, d'anciennes fournitures, et d'un terme échu que M. de Nansouty devait payer à MM. Martenot; mais cette compensation lui laissait à recevoir un solde en espèces qui fut reconnu plus tard être d'environ 40,000 fr., et les 200,000 kilogr. de fonte valant 30,000 fr. Ce solde et ces fontes appartenaient naturellement à la Société, pour la couvrir, jusqu'à concurrence d'autant, des avances par lesquelles elle avait maintenu M. de Nansouty en possession de son bail, et préparé cette heureuse transaction. Aussi fut-il stipulé, au bas de l'acte de résiliation, que M. de Nansouty cédait l'une et l'autre partie de sa créance à la Société, et que MM. Martenot s'obligeaient à lui verser l'argent et à lui livrer les fontes.

Ce qui occasionne notre rupture.

Ce dernier service (et l'on voit qu'il était capital), que je rendis à M. de Nansouty, est du 20 juillet 1839. Douze jours après, le 2 août, il me forçait à partir, ou plutôt à fuir de la Maison-Neuve!

Mes vues sur la spécialité qu'avaient voulu se réserver mes collègues. Importance suprême de cette spécialité.

J'ai dit dans quel état peu satisfaisant étaient les forges, et le dessein qu'après un an de patience et d'espoir toujours ajourné d'un mieux, j'avais formé de me substituer comme chef à mes collègues dans une spécialité où ils ne pouvaient apporter qu'un tribut de notions acquises et un concours exécutif.

Effectivement, le soin des machines et de la fabrication est l'objet principal dans une forge : c'est par la fabrication qu'on s'enrichit ou qu'on se ruine. Bien vendre, tenir une comptabilité exacte, ce sont des choses secondaires, plus faciles, et d'ailleurs dépendantes de la première. Vendre avantageusement, c'est bien peu, ce n'est rien quand on fabrique si chèrement. à cause d'un personnel trop nombreux, à cause de fréquens chômages, à cause d'un entretien trop dispendieux, à cause d'un gaspillage des matières, que le prix de revient dépasse celui de la meilleure vente. Est-il possible d'ailleurs de régler la vente quand la fabrication ne l'est pas, de faire des marchés quand on ne sait quelle quantité un cours d'eau variable, le défaut de moteur supplémentaire et des mécanismes défectueux permettront de fabriquer? Et n'est-ce pas une triste consolation que de se rendre un compte très-juste de ses opérations quand on opère mal et avec perte? D'ailleurs le comptable se sert des élémens que lui fournissent les préposés à la fabrication : si ces élémens ne sont pas rigoureusement exacts, si les consommations et les productions sont imparfaitement constatées, les livres présenteront des situations plus ou moins différentes de celles que donnerait un inventaire réel.

Il est donc hors de doute que la partie industrielle est la base par rapport à la partie commerciale dans un établissement, qu'elle doit être la plus solidement établie, et confiée à l'homme le plus fort.

Je ne crains pas de le dire : par la comptabilité et plus généralement par l'ordre administratif que j'avais créés à la Maison-Neuve, j'avais mis la tête d'un géant sur le corps d'un nain.

Mon premier essai de réforme en commençant par le personnel. Réaction qui se fait contre moi.

Mais les abus qu'il fallait déraciner, pour faire place aux améliorations, étaient tenaces ; ils avaient leur source dans les habitudes invétérées d'un ancien personnel, qui n'avait eu, pour se former, ni les exemples ni les enseignemens convenables. Tous mes efforts pour tirer parti de ce personnel ayant échoué, il fallait en retrancher les principaux membres. Le renvoi de deux employés, MM. R... et Rich..., fut décidé dans mon esprit. Prévoyant une vive opposition de la part de M. de Nansouty, je le préparai à cette mesure; mais à peine m'en eut-il reconnu la pensée, que les intéressés en furent avertis, et que chefs et employés se liguèrent contre le réformateur.

Une sorte de conspiration fut ourdie afin de me dépouiller de considération et d'autorité dans l'établissement et dans le pays.

J'avais inspiré jusqu'alors la crainte et le respect, longtemps même l'enthousiasme. On tint sur mon compte les propos les plus injurieux et les plus diffamatoires ; on me refusa l'obéissance par l'ordre formel de M. de Nansouty ; et celui-ci me fit, dans notre intérieur, les plus incroyables scènes.

Je suis forcé de quitter la Maison-Neuve.

Je ne sais à quels excès il se serait porté ; car, une fois lancé, il ne connaît aucun frein lorsqu'on lui résiste, et je n'étais pas homme à le désarmer par aucune soumission. Mais, d'une part, à cause de ma sœur qui se trouvait près de moi et qu'il fallait absolument tirer de ce repaire, de l'autre, afin de prévenir les actionnaires, avec lesquels j'étais menacé de ne pouvoir plus communiquer, je pris le parti de m'échapper incognito, le soir du 2 août, laissant mes bagages, dont je n'obtins la délivrance qu'après quinze jours.

J'avais, avant de partir, assuré pour six semaines le payement des échéances ; quant à l'emprunt dont j'ai déjà parlé, j'en avais constamment différé la conclusion, malgré les instances de M. de Nansouty, qui brûlait de le voir réalisé avant de se brouiller avec moi.

Vaine tentative d'un des fondateurs pour rétablir la paix.

Aussitôt que je fus arrivé à Paris, un des fondateurs de la Société, M. Bocquet, auquel M. de Nansouty avait d'immenses obligations personnelles, tenta lui-même un voyage à la Maison-Neuve pour tâcher d'opérer une réconciliation, ou du moins de faire un arrangement qui ramenât la paix et l'ordre au sein de l'affaire. Il se flattait d'obtenir la démission de M. de Nansouty père, et la renonciation de son fils à la signature sociale, en leur laissant à tous deux leurs émolumens. Sa démarche fut accueillie avec dérision. M. de Nansouty se sentait trop fort. On verra plus loin quel puissant auxiliaire il s'était assuré, et par quels moyens.

Motifs qui me portent à donner ma démission.

Il n'existait à cette époque aucun grief saisissable qui permît de révoquer M. de Nansouty ; une telle mesure était même loin de ma pensée, parce qu'il me répugnait d'assimiler ma cause personnelle à une question d'intérêt général, parce qu'il me répugnait surtout d'allumer sans nécessité, dans le pays, une guerre qui devait être, à mon sens, funeste au pays, à l'établissement et à la Société. D'ailleurs, traversé, comme je l'avais été, dans ma gestion par les événemens et par les hommes; forcé, depuis plus d'un d'un an, de prêter à M. de Nansouty une assistance qui laissait peser sur moi, par la prévoyance et le souci, ses propres affaires presque autant que celles de la Société; j'étais un peu fatigué et dégoûté de ma position, quelque brillante et enviable qu'elle parût. Je n'eus donc, en convoquant une assemblée générale, qu'une idée et qu'un but : donner ma démission, et me retirer avec les honneurs de la guerre.

L'assemblée générale du 16 septembre 1839 reçoit ma démission et me vote des remercîmens.

Des événemens qui survinrent entre cette convocation et le jour de l'assemblée, et dont il sera question tout à l'heure, m'ayant encore affermi dans cette résolution, je l'exécutai le 16 septembre, non sans quelque opposition de la part de plusieurs actionnaires fortement intéressés dans l'entreprise, et qui, me connaissant personnellement depuis longues années, n'y étaient entrés que par suite de leur confiance en moi; je leur fis cependant comprendre que je me sacrifiais au bien-être général. Toute l'assemblée le comprit, et me vota des remercîmens. A cette époque, l'opinion n'était pas encore égarée.

M. de Nansouty fait valoir devant cette assemblée la délégation de sa créance de la résiliation à la Société.

On articulait bien, comme motif grave d'élimination contre M. de Nansouty, sa dette envers la Société. Mais il y opposait, et y faisait opposer par ses conseils, ce transport à la Société d'une créance de 70,000 fr., dont, à l'avance, il s'était crédité sur nos livres et nous avait débités sur les siens, et qui couvrait cette dette en très-majeure partie. On se rendit à cette excuse. Au reste, on décida qu'une prochaine assemblée élirait à ma place, sur la présentation du comité de surveillance, deux nouveaux gérans, dont l'un devrait toujours joindre sa signature à celle d'un des anciens, pour engager valablement la Société.

Comment est révélée une autre délégation de la même créance à M. Bouaut. Circonstances aggravantes.

Quel fut mon étonnement de recevoir, quelques jours après cette assemblée, une assignation qui m'était donnée à la requête de M. G.-F. Bouaut, banquier à Dijon, pour comparaître devant le tribunal de commerce de Saulieu, et y être débouté d'une opposition que je faisais, disait l'exploit, au recouvrement d'une créance sur MM. Martenot, cédée par M. de Nansouty à M. Bouaut, et provenant de la résiliation de son bail des hauts fourneaux d'Ancy-le-Franc et de Frangey! L'assignation était précédée, comme pièces justificatives, de la copie d'un transport à la maison G.-F. Bouaut, du solde de compte que M. de Nansouty devrait toucher de MM. Martenot par suite de la résiliation, signé: « Pour « mon père, Ulric de Nansouty », fait à Dijon, le 23 juillet, et enregistré le même jour dans la même ville; ensuite de la copie de la notification de ce transport à MM. Martenot, mentionnant leur refus de payer, attendu que leur signature les liait envers moi; refus qui avait motivé l'assignation.

J'étais stupéfait : jamais, malgré nos dissentimens, je n'avais jugé MM. de Nansouty capables d'un pareil trait, capables de dépouiller frauduleusement, et dans l'ombre, la Société, qui les avait si généreusement enrichis, soutenus, et préservés de la faillite; qui avait un droit tout particulier à cette créance, et qui d'ailleurs avait confié généralement à leur loyauté la garde de ses intérêts. Ils étaient donc comme des loups dans la bergerie! Et puis comment qualifier l'article passé sur nos livres, et la déclaration faite à l'assemblée?

Il va sans dire que je n'avais pas fait enregistrer mon transport. L'idée même de l'écrire ne m'était venue et ne fut exécutée que le lendemain de la résiliation; et, le croira-t-on? j'y avais été confirmé par MM. de Nansouty eux-mêmes, qui, de leur propre mouvement, et sans doute pour prévenir de ma part tout soupçon de leur vrai dessein, vinrent pour me la suggérer, par crainte, disaient-ils, de M. Bouaut. Il faut expliquer ici ce qu'avait été pour eux jusqu'à ce moment M. Bouaut, afin de montrer combien cette démarche de leur part devait me sembler naturelle.

Haine que M. de Nansouty portait à M. Bouaut.

A l'époque où la Société fut formée, et depuis lors, M. Bouaut était ce qu'on appelle vulgairement leur bête noire : M. de Nansouty l'accusait d'avoir préparé et consommé artificieusement sa ruine et celle de ses enfans, et marché à l'envahissement de leur patrimoine. En réalité, M. Bouaut, par des avances de banque, avait acquis peu à peu, sur MM. de Nansouty, une créance qui s'était élevée récemment à près de 900,000 fr., et qui le rendait maître absolu de leur destinée.

Alliance qu'il avait faite avec M. Bocquet.

M. de Nansouty père avait cherché dans M. Bocquet, mon parent, dont j'ai parlé, et auquel j'ai fait allusion, un protecteur vis-à-vis de M. Bouaut; et, en même temps qu'il l'avait intéressé dans la Société comme fondateur, il l'avait intéressé dans ses affaires privées, en lui offrant une rémunération proportionnée aux services qu'il attendait de lui.

Causes et moyens de sa défection envers M. Bocquet et la Société.

Mais depuis lors tout était changé : la liste de ces services étant épuisée, il n'était plus occupé que des moyens de ressaisir cette rémunération. Il avait joint, dans sa pensée, ce dessein à celui de se rendre indépendant et maître vis-à-vis de la Société; et, opérant d'un seul coup une défection générale, il s'était rejeté dans les bras de M. Bouaut, dont il se flatte de bien connaître les faibles, en se promettant de l'indisposer, de l'armer, et de le lancer contre tout le monde, au gré de ses passions et de ses convenances.

Tel était le secret de ce second transport, gage d'alliance qu'il avait offert à l'homme dont le secours lui était indispensable; ainsi s'expliquait l'audace qu'il venait de déployer subitement à la Maison-Neuve.

Pour commencer l'attaque contre M. Bocquet, il écrivait à M. Bouaut « que M. Bocquet lui avait volé, chipé, etc., ses actions, qu'il fallait lui faire rendre gorge, etc. »

Il dérobe dans mon secrétaire la correspondance de M. Bocquet avec moi.

M. Bocquet, dans une entrevue qu'il avait eue à Dijon avec M. Bouaut, en revenant de la Maison-Neuve, lui avait dit et fait comprendre toute la vérité; et M. Bouaut paraissait disposé à marcher en tout de concert avec ses coïntéressés, dans une affaire dont il est fondateur et fort actionnaire. Une découverte inespérée vint au secours de M. de Nansouty : ayant ouvert, ou fait ouvrir de vive force, mon secrétaire après mon départ, il y trouva toutes les lettres que, depuis un an, M. Bocquet m'avait écrites ; il s'en saisit, et courut les porter à M. Bouaut.

M. Bouaut n'a pas lu les lettres de M. Bocquet.

Il est certain, d'après tout ce qui s'est passé, que M. Bouaut n'a jamais lu ces lettres ; qu'il n'en a lu que les passages perfidement choisis et tronqués par un agent auquel certaines réflexions qu'elles contiennent ont dû inspirer un vif ressentiment contre M. Bocquet.

Elles sont écrites particulièrement dans l'intérêt de M. de Nansouty, et n'ont pas été suivies d'exécution.

Elles ont toutes réellement pour objet la prospérité de l'entreprise sociale et la liquidation de M. de Nansouty. Celle qui a été le plus incriminée, le plus perfidement dénaturée dans les extraits qui en ont été répandus avec profusion, est précisément celle qui témoigne le plus de la sollicitude de M. Bocquet pour M. de Nansouty, qu'il y appelle constamment notre ami ; sollicitude poussée à l'excès, puisqu'elle l'entraîne à me conseiller des choses qui, sans pouvoir porter préjudice à personne, étaient cependant trop irrégulières pour que l'intention les justifiât, et pour que je pusse y concourir, ou même permettre qu'elles se fissent. Effectivement, les plans indiqués dans cette lettre, outre qu'un examen attentif n'y fait rien découvrir qui ne soit dicté par l'intérêt de M. de Nansouty et les nécessités de sa position, n'ont reçu ni par moi ni par personne la moindre exécution, comme les faits le démontrent et comme un jugement l'a proclamé.

Absurdité et infamie du procès dans lequel j'ai été impliqué à propos de ces lettres.

Et pourtant c'est avec quelques phrases isolées de cette lettre que M. de Nansouty et M. Bouaut, aidés de leurs agens et favorisés par d'autres personnes, sont parvenus à soulever l'opinion, et dans le pays, et à Paris même, contre M. Bocquet et contre moi, dont le seul crime qu'on pût prouver était d'avoir reçu cette lettre ; à nous tenir pendant huit mois sous le coup des plus effroyables et en même temps des plus ineptes calomnies, dont le retentissement et les effets subsistent encore ; à nous faire un procès correctionnel, dans lequel leur aveugle haine a impliqué des personnes autant étrangères à cette correspondance et à tout ce qu'elle contenait que le tribunal lui-même : procès dont le résultat, devant la justice turque, eût été de les faire empaler ou conduire aux Petites-Maisons, selon que le juge eût considéré l'atrocité ou l'extravagance de l'accusation; mais qui, devant la justice française, plus indulgente pour les calomniateurs, ne leur coûte que le payement des frais et de quelques dommages-intérêts.

Tant le mal offre de facilité et d'impunité à ceux qui sont experts dans l'art de le commettre! tant l'oreille du public s'ouvre avec complaisance à la diffamation! Réflexion pénible, que j'aurai malheureusement l'occasion de renouveler.

Quelques mots sur les actions données par M. de Nansouty à M. Bocquet et aux fondateurs de la Société.

Je vais rappeler en peu de mots ce que tous les actionnaires savent aujourd'hui touchant les partages d'actions qui ont gâté, moins par eux-mêmes que par l'impression qu'ils ont faite, dès qu'ils ont été connus, une affaire originairement si belle et si riche de légitimes espérances; ou, pour mieux m'exprimer, qui ont empêché, jusqu'à présent, la guérison des maux passagers qu'elle avait soufferts.

M. de Nansouty, en demandant pour prix de ses forges une somme de 550,000 fr. en espèces et 800 actions, destinait 300 de ces actions à rémunérer les fondateurs de leurs soins, de leurs démarches et de l'initiative qu'ils prenaient comme souscripteurs; il avait offert la moitié des 500 autres à M. Bocquet pour prix des conseils et des peines par lesquels celui-ci devait faire, autant que possible, arriver à bon port sa liquidation, à laquelle était attaché son honneur et celui de sa famille.

Peut-on taxer d'improbité ceux qui ont reçu ces actions? quel devoir néanmoins ils devaient s'imposer?

Mais ni M. Bocquet ni aucun des fondateurs, j'imagine, n'a jamais pensé que M. de Nansouty eût dû, pour cela, surfaire la valeur industrielle de ses usines ni constituer un capital social hors de proportion avec les revenus possibles de l'entreprise. Aucun d'eux n'a cru spolier ses coïntéressés ni spéculer sur une ruine future. Non : leurs antécédens d'intelligence et d'honneur repoussent ces imputations ridicules autant que calomnieuses. Ce qu'on pourrait reprocher à plusieurs, ce qui a excité contre eux la méfiance et la jalousie, c'est d'avoir attendu la dernière heure pour s'exécuter ; c'est de n'avoir pas démontré leurs loyales intentions aux plus incrédules, en allant au-devant des revers, et en renonçant, dès les premiers signes de mauvaise fortune, à des bénéfices que la prospérité de tous, dont ils eussent été les auteurs, pouvait seule légitimer.

Mes efforts pour faire indemniser la Société de ses pertes par la remise des actions de bénéfice.

Ce sont là les conseils que j'ai plus d'une fois donnés à M. Bocquet. En même temps que je regrettais le secret qui avait couvert ses opérations et en augurais mal pour l'avenir, à chaque crise qui me paraissait mettre en danger la Société, et avec un redoublement d'insistance, à mesure que des désenchantemens successifs me montraient un plus long chemin à parcourir avant d'atteindre la terre promise, je lui prêchais le sacrifice ; je disposais sur le papier, tantôt des 500, tantôt des 800 actions au profit de la Société, pour l'indemniser du retard des hauts fourneaux, de l'insuffisance du cours d'eau, de l'état imparfait des forges, de l'impossibilité d'utiliser la machine à vapeur, et des pertes qui en avaient été la conséquence. M. Bocquet me répondait en protestant de son zèle pour les intérêts de la Société, zèle que je connaissais de reste ; mais il m'accusait d'aller trop vite, de voir trop en noir, de manquer de ressources, etc. On conçoit, comme je le concevais, que son intérêt mettait en défaut sa clairvoyance. Quoi de plus naturel ? Mais il a chèrement expié cette faiblesse.

M. de Nansouty et M. Bouaut tentent de ressaisir les actions données à M. Bocquet.

Dès avant l'assemblée du 16 septembre il avait commencé à l'expier. Maître de sa correspondance, M. Bouaut lui avait écrit une lettre menaçante, à laquelle il avait fait une réponse pleine de dignité. Deux avocats vinrent à Paris, au nom de MM. de Nansouty et Bouaut, le torturer, sous prétexte d'un arrangement, qui consistait à vouloir récupérer sur lui une partie des 250 actions.

Déjà la Maison-Neuve et les environs étaient remplis du bruit que j'avais, par ses ordres et pour son compte, dévalisé MM. de Nansouty. Les deux avocats le menaçaient de faire à Paris le même scandale. Toutefois ce qu'ils voulaient avant tout arrangement, c'était ma démission; ils prêchaient un converti. Du reste, la négociation avorta; car ils finirent par ne plus s'entendre entre eux.

Ils dénoncent M. Bocquet et les fondateurs au comité de surveillance.

L'un, celui de M. de Nansouty, partit après l'assemblée, l'autre, celui de M. Bouaut, resta à Paris; et lorsque me parvint l'assignation qui faisait connaître le double transport, il alla, comme pour faire diversion, accompagné de M. de Nansouty, raconter au comité de surveillance les conventions faites par ce dernier avec M. Bocquet et avec les fondateurs.

Je laisse de côté pour le moment les effets de cette révélation: il devient nécessaire d'introduire sur la scène de nouveaux personnages.

III.

COMPLICATIONS : MM. P. et D. forment un troisième parti qui se ligue avec celui de MM. de Nansouty et Bouaut; l'affaire est abandonnée et va périr ; j'en reprends les rênes.

M. P. Ses premières relations avec moi.

L'assemblée du 28 juin avait élu membre du comité de surveillance, sur ma présentation, M. P. Il en devint le secrétaire et fut chargé de la vérification des écritures. A ce titre il eut avec moi des rapports tout particuliers avant et après l'assemblée du mois de septembre. Je l'initiai à toute la marche de l'affaire depuis son origine, et l'aidai à prendre une connaissance suivie de toute la comptabilité.

Ses premiers sentimens à mon égard. Il me propose pour agent M. D.

M. P. me témoignait beaucoup de bienveillance et d'intérêt; il paraissait vivement souhaiter et me prédisait ma réintégration; pour parler son langage, je devais m'attendre à rentrer dans cette affaire enseignes déployées, après que, livrés à eux-mêmes, et succombant sous le fardeau, en même temps que dénués de ressources financières, mes anciens collègues, à leur tour, seraient venus de guerre lasse donner leur démission. Dans cette hypothèse, il me parlait d'un de ses amis, M. D., d'Angoulême, bon métallurgiste, disait-il, étranger aux affaires commerciales et à la comptabilité, qui était malheureusement âgé, un peu opiniâtre, et qui demanderait d'assez forts appointemens, mais qui néanmoins lui semblait propre à me bien seconder dans ma gestion, si je parvenais à m'entendre avec lui. Je ne repoussais ni n'acceptais cette offre, le moment n'étant pas venu de l'examiner, et l'avenir qu'elle supposait me paraissant très-problématique.

Il m'enveloppe dans son ressentiment contre M. Bocquet.

La révélation faite au conseil par M. de Nansouty et son acolyte, bien qu'elle ne dût nullement m'atteindre, en bonne justice et après examen, fit une révolution dans l'esprit soupçonneux de M. P. Lorsqu'il m'en parla, il voulait que je publiasse un manifeste, où j'aurais solennellement répudié toute participation à la conduite de M. Bocquet, et donné le signal, en quelque sorte, de faire feu sur lui. C'était une lâcheté dont j'étais incapable, à quelque péril injuste que je dusse m'exposer en ne la commettant pas.

Il ne sut pas, je pense, apprécier ma retenue. Je n'essaierai pas de lever le voile qui couvre sa conscience, et d'y faire voir l'invasion graduelle d'idées et de sentimens nouveaux qui en ont fait un personnage si différent de celui qu'il s'était montré jusqu'alors. Je me contenterai de saisir et de mettre dans leur vrai jour les faits extérieurs.

Il propose pour gérans à ma place MM. D. et Cl.

Pour me remplacer, en vertu de la décision de l'assemblée générale du 16 septembre, M. P. proposa au comité de surveillance deux de ses amis, M. D., dont je viens de parler, et M. Cl., qui devait suppléer au genre de connaissances et de capacités que M. D. ne possédait pas.

Son voyage à la Maison-Neuve avec ses deux amis.

Il fut convenu qu'avant tout MM. D. et Cl., accompagnés de M. P., feraient un voyage à la Maison-Neuve.

Les visiteurs furent frappés et du désordre qui régnait dans l'établissement et l'aspect magnifique qu'il présentait. MM. de Nansouty, escortés de tous leurs partisans, ne les quittèrent pas une minute, et les assiégèrent de calomnies sur mon compte ; la comptabilité, livrée depuis mon départ et celui du chef comptable, à des mains subalternes, défigurée et méconnaissable, présentée avec ignorance, mauvaise foi et dérision, fut jugée d'après un coup d'œil superficiel, et sans informé contradictoire; après s'être fait renseigner sur moi par des personnes dont M. de Nansouty m'avait fait des ennemis, M. P. sollicita des renseignemens de même nature auprès d'autres personnes, en débutant, afin de les mettre à l'aise, par les assurer de sa discrétion, et leur garantir que je ne remettrais plus les pieds dans le pays; démarche qui fut trouvée extraordinaire, inconvenante, et éludée avec esprit; enfin, en partant, on ne se contenta pas de faire des promesses aux malheureux ouvriers qui n'étaient plus payés depuis trois mois, mais on rejeta hautement sur moi et sur mes *faux rapports* la cause de leur détresse.

Il fait déclarer nulle l'assemblée du 16 septembre.

Quand je revis M. P. à Paris, je trouvai son visage bouleversé, indice de ce qui se passait dans son âme. Il me fit entrevoir dans un langage obscur les sentimens et les desseins qu'il avait rapportés de la Maison-Neuve. A son instigation et par son organe, au lieu de tenir l'assemblée qui avait été indiquée pour le 11 octobre, le comité déclara aux premiers actionnaires réunis que la délibération, prise dans la précédente assemblée du 16 septembre, était nulle, parce que les délais de convocation n'avaient pas été observés, ni les publications légales faites en temps voulu; que l'assemblée actuelle était également mal convoquée, et par conséquent inapte à délibérer; enfin qu'il en convoquerait une nouvelle avec des délais suffisans.

La question que M. P. résolvait ici dans un sens, il l'avait autrefois résolue dans un autre. Il était possible, en thèse générale, qu'il fût mieux éclairé; mais dans le cas particulier, le but évident avait été de remettre tout en question, et de rendre ma démission, la décharge qui s'ensuivait, l'espèce de quitus que j'avais reçu, et les remercîmens qui m'avaient été votés, comme non avenus et de nul effet. On ne s'expliqua pas, il est vrai, catégoriquement: *on ne l'a jamais fait avec moi dans aucune cir-*

constance; mais force était à mon simple bon sens de me considérer comme aussi bien gérant et responsable qu'auparavant.

Il calomnie ma comptabilité.

A quelques jours de là, je fus officieusement averti que les propos les plus gravement médisans étaient tenus sur ma comptabilité, et qu'on ne m'accusait de rien moins que d'avoir pêché en eau trouble. Hors de moi, je sollicitai et obtins un rendez-vous avec M. P., chez MM. P., D. et compagnie, dont l'un était aussi membre du comité de surveillance, pour donner et recevoir des explications. Ces explications, je l'avoue, dégénérèrent de ma part en une scène violente; car je ne concevais pas que M. P. eût fait le voyage de la Maison-Neuve pour apprendre à connaître une comptabilité *qu'il avait étudiée avec moi à Paris, pendant quinze jours consécutifs jusque dans les moindres détails*, sur les copies du journal, qui sont, en exécution des statuts, envoyés tous les mois au comité de surveillance; je concevais encore moins qu'on se permît d'inculper l'honneur d'un homme, sans l'avoir entendu contradictoirement avec ses accusateurs, et qu'on manquât surtout de probité et de délicatesse, au point de l'inculper en son absence et sans l'avoir prévenu.

Quand je fus un peu calmé, grâces à l'intervention d'un actionnaire présent, M. B., il fut convenu que M. D., l'un des gérans futurs, devant aller passer plusieurs semaines à la Maison-Neuve pour y préparer un rapport destiné à la prochaine assemblée, je l'adresserais au chef comptable renvoyé par M. de Nansouty, mais qui, d'après mes ordres, n'avait pas quitté la Maison-Neuve, afin que celui-ci l'orientât dans une comptabilité qu'il connaissait comme moi. M. P. insistait perfidement pour que j'accompagnasse moi-même M. D.: après ce qu'il avait dit aux ouvriers, et lorsque pendant trois mois M. de Nansouty avait été seul en possession de l'oreille du pays, on peut juger de l'accueil qui m'attendait. Je voulus seulement avoir une entrevue préliminaire avec M. D., qui paraissait être érigé en juge suprême de mes œuvres comme comptable (le même homme qui, dans le principe, était étranger à la tenue des écritures!) : je désirais le connaître et lui expliquer d'abord moi-même le mécanisme général de nos livres.

Mon entrevue chez lui avec M. D Celui-ci est confondu par M. B.

M. D., dans cette entrevue qui eut lieu chez M. P., après m'avoir à peine écouté quelques secondes, prit tout de suite un ton qui ne me laissait que l'alternative ou de lui faire une querelle ou de lever la séance. Heureusement M. B., l'actionnaire dont j'ai parlé plus haut, et que j'avais prié de ne pas m'abandonner encore dans cette circonstance, arriva. Je tenais à la main, comme spécimen, une des copies mensuelles de mon journal : homme des plus versés dans la matière, il examina cette copie et fut tout de suite au fait d'un ensemble d'écritures qu'il trouva admirable d'exactitude et de clarté; il fit baisser le ton à M. D., le confondit, et lui arracha l'aveu que ma comptabilité ne péchait en rien, et ne laissait aucune objection sans réponse.

Nouveau langage de M. D. sur ma comptabilité.

Dans une visite que je fis le lendemain à M. D., je le trouvai un tout autre homme que la veille : poli, aimable autant que possible. Il se retrancha, à l'égard de ma comptabilité, dans un seul reproche qui était en même temps un éloge : « tout le mal provenait de ce qu'elle était trop savante et hors de la portée des esprits ordinaires. Il l'avait parfaitement comprise; mais certaines personnes (à qui faisait-il allusion?) n'en devaient pas dire autant. » Il accepta avec des remercîmens la lettre que je lui remis pour M. Deratte (c'est le nom du chef comptable dont j'ai parlé). Mais durant le séjour de plus d'un mois qu'il fit à la Maison-Neuve, il ne se servit pas de cette lettre, et ne rendit même pas une visite à M. Deratte.

Les moyens infâmes employés pour m'écarter de la gérance m'y ramènent.

Amené par l'assignation de M. Bouaut, dans le voisinage de la Maison-Neuve, je fus saisi de désespoir en voyant les effroyables atteintes que la rage insensée et le machiavélisme infernal de M. de Nansouty et des siens, appuyés sur l'assentiment de M. D. dont ils se faisaient un trophée, avaient portées à ma réputation dans l'opinion publique. Le but commun était de me fermer le retour. Ce fut au contraire cet acharnement qui m'en inspira le dessein, et m'en fit, pour ainsi dire, une nécessité. Croyaient-ils donc que je consentirais à poursuivre ma carrière, en laissant au début une tache derrière moi?

Etat déplorable de l'établissement.

En même temps M. de Nansouty dévorait, c'est le mot, le gage social avec une rapidité effrayante : le nombre d'ouvriers qu'il entretenait était immense, et il avait encore augmenté les appointemens déjà excessifs des employés; l'anarchie, dans tout ce personnel, était au comble; l'oisiveté flagrante; le vol scandaleux. Depuis près de quatre mois que les ressources pécuniaires avaient manqué, aucune mesure de liquidation n'était prise, et les charges croissaient tous les jours. La faillite, avec non-seulement l'anéantissement des capitaux versés par les actionnaires, mais encore un déficit vis-à-vis des créanciers, la faillite, qui entache et frappe l'incapacité commerciale, était le terme inévitable où l'affaire courait visiblement.

Inertie de M. D.

M. D. la regardait tranquillement se noyer, tout occupé, disait-on, d'un rapport qui n'a vu le jour que six mois plus tard; et son collègue, désigné M. Cl., écrivait à M. P. que le dénoûment nécessaire de la situation était une faillite. Ainsi s'accomplissait la réorganisation dont M. P. s'était chargé.

Assemblée du 2 décembre 1839. Projet de M. P.

Une assemblée générale avait été convoquée pour le 2 décembre : à cette époque, M. D. continuait toujours de travailler à son rapport; M. Cl. ne voulait plus accepter aucune fonction dans l'affaire; MM. de Nansouty père et fils avaient fait parvenir au comité leurs démissions motivées sur ce qu'ils se sentaient hors d'état de pourvoir au salut de l'établissement; M. P. prétendait que je renouvelasse la mienne, et il proposait alors, l'entreprise paraissant abandonnée de ses gérans, une liquidation judiciaire, dont on aurait prié M. D. de se charger.

Ce qu'il fallait attendre de M. D., liquidateur judiciaire.

On voit qu'un plan avait été bien tiré et bien suivi pour rendre MM. P. et D. maîtres absolus des élémens d'avenir qu'offraient l'établissement et le pays. Affranchi, comme liquidateur judiciaire, de la responsabilité qui pèse sur un gérant vis-à-vis des tiers, M. D. aurait laissé venir la ruineuse faillite; il aurait laissé les créanciers débrouiller, avec MM. de Nansouty, le chaos qu'avait fait et qu'aurait entretenu l'impuissance de ceux-ci; il les aurait laissés se disputer à grands frais les lambeaux de l'affaire; et lui, consacrant, pour la forme, à sa mission quelques soins vulgaires, il aurait poursuivi, dans cette position commode, l'étude de la localité, et préparé un rachat dont il aurait gardé le monopole. Aux actionnaires entièrement dépouillés et aux créanciers imparfaitement désintéressés, il aurait allégué, pour cause de ce double malheur, « les effroyables dilapidations d'une « gérance qui, pendant deux ans, avait dissimulé soigneuse- « ment, sous des fictions de comptabilité, des déficits énormes »; et, de son côté, M. P., embouchant la trompette pour célébrer les mérites de son ami, aurait montré « quelles actions de grâces « il fallait rendre à l'honnête homme, à l'homme capable qui, « succédant à des intrigans et à des brouillons, avait encore su « tirer un tel parti de leurs œuvres. »

Révocation de M. de Nansouty.

Heureusement je connaissais les hommes, et j'avais vu le piége. Je ne voulus point renouveler ma démission. Alors M. de Nansouty retira la sienne. Il fut révoqué pour le fait de son double transport, dont il ne put disconvenir.

Je suis confirmé dans la gérance.

Je finis toutefois par mettre moi-même ma démission à la disposition de l'assemblée, mais seulement par déférence pour plusieurs actionnaires, qui m'en prièrent comme d'un acte de convenance, en me garantissant que cette démission serait refusée. Elle le fut effectivement à une grande majorité, après que j'eus donné des explications sur les facilités dont j'avais cru devoir user envers M. de Nansouty.

M. de Perrin m'est adjoint pour collègue.

Je proposai ensuite à l'assemblée de m'adjoindre pour collègue, en remplacement de MM. de Nansouty père et fils, M. W. de Perrin, ingénieur et gérant d'une houillère naissante, à proximité de la Maison-Neuve.

Ami commun de M. de Nansouty et de moi-même, M. de Perrin, après de vains efforts pour nous concilier, avait cru devoir se ranger de mon parti et prendre ma défense; il s'était attiré par là une implacable haine de la part de M. de Nansouty.

Outre l'avantage de ses connaissances spéciales, M. de Perrin offrait la perpective, suffisante pour décider sa nomination, d'apporter à l'établissement un prêt hypothécaire de 400,000 fr., qu'une personne très-riche, et pleine de confiance en lui, était diposée à lui faire. Cette perspective, jointe aux excellens renseignemens que des lettres écrites par les professeurs les plus distingués de l'École des mines donnèrent sur son compte, réunit en sa faveur la majorité des suffrages. Élu sans condition, il prit spontanément l'engagement de donner sa démission, si, dans six semaines, il n'avait pas réalisé l'emprunt, dont il avait un espoir presque égal à une certitude.

Manœuvres de M. de Nansouty pour empêcher l'emprunt de M. de Perrin et amener sa démission.

Mais M. de Nansouty devina sans peine à quel prêteur il s'était adressé, et recourut, pour faire échouer la négociation, à son arme habituelle, la calomnie. Il eut le triste courage d'écrire, dans l'espace de quinze jours, seize lettres diffamatoires, par suite desquelles la fierté de M. de Perrin, loin de solliciter davantage un prêt, crut devoir provoquer un long et minutieux examen de sa gestion de la houillère. Je n'ai pas besoin de dire qu'il sortit triomphant de cette épreuve. Mais depuis longtemps les six semaines étaient écoulées, sa démission donnée, et les circonstances entièrement changées.

Toutes mes démarches pour faire un emprunt échouent. Etrange avortement d'une négociation avec des actionnaires belges.

Ce n'est pas la seule tentative que je fis pour raviver l'affaire, en quelque sorte, par une infusion de capitaux. Indépendamment de nombreuses démarches où je reconnus jusqu'à l'évidence qu'une influence occulte me suivait et me contrecarrait partout, voici l'histoire d'une négociation qui m'occupa et me retint à Paris pendant près de quatre semaines après l'assemblée. J'avais engagé de riches actionnaires belges à revenir aux dispositions qu'ils montraient au mois de juillet 1839, de concourir à un prêt hypothécaire. Ils parurent plus enclins à fournir la totalité des fonds que je demandais, soit 200,000 fr., à condition qu'indépendamment d'une inscription hypothécaire sur l'immeuble social, je leur procurerais encore d'autres sûretés. Trois actionnaires non capitalistes, mais propriétaires ou dignes de toute confiance par leur position, offrirent, à ma sollicitation, de répondre chacun d'un tiers de la somme. Ce n'était pas assez : on voulait leur garantie solidaire pour le tout; je les déterminai à l'accorder. Enfin le conseil des actionnaires belges, investi de leurs pouvoirs, après s'être fait rendre par moi un compte approximatif de la situation, craignant que la somme de 200,000 fr. ne fût pas suffisante pour prévenir une faillite, et jugeant prudemment qu'il y avait plus de sécurité pour ses cliens à prêter 100,000 fr. de plus, demanda que les répondans étendissent leur garantie solidaire à un prêt de 300,000 fr.; j'obtins encore leur acquiescement à cette demande.

Il semblait qu'il n'y eût plus qu'à passer l'acte d'emprunt; le jour en était presque fixé, et les procurations nécessaires envoyées par les absens. Tout à coup le conseil en question, après m'avoir tenu dans plusieurs entrevues un langage qui était évidemment l'écho de suggestions ennemies, me déclara qu'il ne savait même pas si ses cliens avaient des fonds disponibles, et que, dans le cas où ils en auraient eu, l'affaire n'était pas mûre et ne pouvait pas encore se traiter. Il fallut bien accepter cette singulière défaite, et borner là mes visites.

Je me tourne vers une liquidation.

Je venais de perdre un temps précieux. Toutefois je m'étais précautionné contre les chances de désappointement, et n'avais pas entièrement négligé le parti auquel je pressentais que me réduirait la malveillance : je veux dire une liquidation commerciale, le payement de nos dettes opéré par la revente de nos approvisionnemens, désormais inutiles; car M. de Nansouty, depuis mon départ, n'avait fait que manger les fonds destinés à l'achèvement des hauts fourneaux, sans y presque rien ajouter d'essentiel, et il fallait, pour le moment, renoncer à les finir.

Voici ce qui s'était passé à la Maison-Neuve depuis l'assemblée du 2 décembre.

Prise de possession de l'établissement par mon représentant.

Homme énergique et dévoué, qui, dans ces difficiles circonstances, s'est acquis vis-à-vis de moi tous les titres d'un ami, M. Deratte avait pris hardiment possession de l'établissement en mon nom dès le 5 décembre ; il n'avait rencontré aucune résistance, et subjuguant même tous les employés de M. de Nansouty, il les avait rangés sous ses ordres. Il s'occupa sur-le-champ de reconnaître la situation et de m'en rendre compte. Il fit faire des inventaires solennels autant que possible, et poussa vivement les écritures arriérées.

Situation au 1er décembre. Richesse et dénûment.

Au 1er décembre, nous avions à payer aux ouvriers, voituriers et fournisseurs, plus de 125,000 fr. inscrits sur nos livres, indépendamment de plus de 25,000 fr. qui ne l'étaient pas, et que des réclamations successives nous révélèrent plus tard, soit 150,000 fr. exigibles ; nous étions débiteurs en compte courant de 18,000 fr. ; de nos billets, pour environ 40,000, étaient échus et avaient été protestés ; des engagemens qui dépassaient 100,000 fr. devaient échoir à la fin du mois ; enfin les échéances, échelonnées dans le courant de 1840 et 1841, se montaient à 180,000 fr. environ. C'était, au total, un passif qu'on peut porter à 500,000 fr. contre un actif consistant : dans les immeubles, c'est-à-dire dans les forges avec leur matériel, les hauts fourneaux et tous les terrains accessoires ; des matières et marchandises évaluées, d'après les prix d'achat, les transports et les façons, à plus de 700,000 fr. ; enfin une centaine de mille francs à recouvrer dans l'espace de sept mois. C'était une situation magnifique et accablante tout à la fois : si belle, qu'on ne pourrait s'expliquer le refus, ni même l'hésitation des prêteurs auxquels elle fut exposée, sans l'infatigable persévérance de l'intrigue dans ses menées hostiles ; et tellement inextricable en l'absence de tout secours pécuniaire immédiat, que je regarde moi-même comme une espèce de miracle d'en être sorti presque sans l'aide de personne, et, de plus, ayant sur les bras une effroyable guerre où vingt ennemis mirent en œuvre tous les moyens qu'admet la civilisation, et tous ceux qu'elle repousse et qui n'appartiennent qu'à la barbarie.

IV.

LIQUIDATION : je dégage et raffermis l'établissement au milieu d'une guerre furieuse qui m'est faite à la Maison-Neuve et à Paris ; la Société, sous l'influence de M. P., tend à se suicider dans les assemblées du 16 mars et du 27 mai 1840.

M. de Nansouty et deux employés soulèvent les ouvriers de la Maison-Neuve. Répression de l'émeute.

M. de Nansouty partit de Paris environ quinze jours après l'assemblée du 2 décembre, et arriva à la Maison-Neuve en même temps que son remplaçant M. de Perrin. Il se mit aussitôt à la tête de ses partisans et commença par exciter une effrayante insurrection parmi les ouvriers. Suivi d'une troupe de trois cents hommes, qui proféraient toutes sortes de menaces, il marcha sur le bureau où n'étaient restés que M. de Perrin et M. Deratte. Il insulta grossièrement celui-ci et s'oublia jusqu'à le frapper. Après deux heures de captivité, M. de Perrin put s'échapper et courut à Semur avertir le procureur du roi. Ce magistrat arriva le lendemain sur les lieux avec trois brigades de gendarmerie. M. de Nansouty s'était enfui à cheval ; mais les employés déjà cités, MM. R. et Rich., qui avaient figuré au premier rang parmi les instigateurs de la révolte, étaient demeurés : ils reçurent publiquement une sévère réprimande, et furent menacés d'un emprisonnement immédiat en cas de récidive. Les ouvriers, harangués et désabusés de la

6

persuasion, au moyen de laquelle on les avait soulevés, que leur créance allait être prescrite et qu'ils n'en recevraient rien, furent calmés et ramenés au travail. Enfin une lettre, qui renfermait une verte admonition, apprit à M. de Nansouty que la justice désormais aurait l'œil sur sa conduite.

Expulsion des agitateurs.

Les employés qui s'étaient dispersés devant l'émeute ne reparurent plus ; les deux meneurs et leurs complices furent expulsés. Ils eurent l'audace de nous attaquer en dommages-intérêts, pour les avoir, disaient-ils, renvoyés sans motif. Il fallut que ce même procureur du roi, qui heureusement siégeait à l'audience, fît connaître leur conduite au tribunal.

Formation du parti de M. de Nansouty. Il tente de faire déclarer la Société en faillite. Ses démarches pour exciter nos créanciers à nous poursuivre.

Après avoir échoué dans cette tentative illégale, on recourut, pour amener notre naufrage, à l'emploi actif de toutes les voies de la légalité. L'avocat G., de Semur, celui qui était venu comme conseil de M. de Nansouty à l'assemblée de septembre, le notaire, M. de Précy (le même endroit que la Maison-Neuve, c'est le nom de la partie qui est le chef-lieu de canton), les deux anciens employés R. et Rich., plusieurs autres d'ordre inférieur, et divers cliens (dans l'acception antique du mot), composèrent à M. de Nansouty un parti qui s'appuyait sur la principale autorité du pays, sur le maire : celui-ci est un industriel, jaloux de l'établissement et intéressé à sa chute, et qui s'est, pour cette seule raison, posé tout à coup comme partisan de M. de Nansouty dont, six mois auparavant, il était l'ennemi personnel et l'adversaire politique. Une requête pour faire déclarer l'établissement en faillite fut rédigée par l'avocat G., et les ouvriers furent conduits processionnellement par M. de Nansouty chez le notaire M. pour la signer ; mais la plupart s'y refusèrent, et cette tentative avorta. En même temps tous nos autres créanciers, à plusieurs lieues à la ronde, étaient visités par M. de Nansouty ou ses agens, et fatigués de leurs exhortations à nous poursuivre. Les assignations commençaient à pleuvoir.

M. D. refuse de continuer son rapport; son excursion à Dijon chez M. Bouaut; de retour à Paris, il fuit ma présence.

J'ai laissé M. D. soi-disant occupé de son rapport. Lorsqu'il apprit les décisions de l'assemblée du 2 décembre, malgré les pressantes invitations du comité de surveillance et les miennes, il refusa obstinément de continuer ce rapport devenu cependant plus opportun que jamais, et même nécessaire comme contrôle des comptes de l'ancienne gérance. On voit par là si sa mission avait jamais été, dans son esprit, sincère et véritable. Il quitta la Maison-Neuve quelques jours avant l'émeute en la prédisant. Il alla d'abord à Dijon et y donna lecture, chez M. Bouaut, d'un fragment de rapport où l'immeuble social, les approvisionnemens, toute l'affaire enfin, ainsi qu'une administration qu'il n'avait pas vue et qu'il ne connaissait pas, étaient dépréciés, ravalés, accusés. C'est l'avocat G. qui nous a fait connaître ce document, à deux reprises, au tribunal de commerce de Saulieu et au tribunal civil de Semur. M. D. s'est bien gardé depuis lors de le reproduire; car de ses estimations il serait résulté que la liquidation avait fait gagner de l'argent à la Société. Des conférences qu'il eut à Dijon avec M. Bouaut et ses conseils, sortit un nouveau plan d'attaque qu'on va voir. En passant à Paris, M. D. parut un soir dans le conseil de surveillance, assemblé à la hâte, et y tint des discours tout remplis de malveillantes insinuations; mais il partit le surlendemain sans vouloir être mis en présence avec moi dans une nouvelle réunion de ce même conseil.

Procès intenté par M. de Nansouty à la Société pour la faire dissoudre et liquider par M. D.

Le mercredi, 25 décembre, étant encore à Paris occupé de chercher l'emprunt, j'appris, par une copie d'assignation qui me fut envoyée de la Maison-Neuve et qui m'appelait à comparaître le lendemain devant le tribunal de commerce de Saulieu, que M. de Nansouty demandait à ce tribunal de prononcer la nullité et la dissolution immédiate de la Société pour défaut d'accomplissement des formalités de publication à son origine, et surtout pour cause d'indignité de ses gérans actuels, avec la nomination d'un liquidateur judiciaire dans la personne de M. D. (toujours le rêve de M. D. liquidateur judiciaire!). M. de Perrin étant assigné comme moi, j'attendis tranquillement qu'il m'annonçât, ce dont je ne faisais aucun doute, que le tribunal avait, sur sa demande, remis à quinzaine une cause de cette importance; mais les membres du tribunal avaient été tellement prévenus contre moi par la calomnie, qu'au lieu de remettre la cause, ils souffrirent que l'avocat G. en fît un exposé diffamatoire, en mon absence forcée, et la continuèrent au lundi suivant, ce qui me laissait à peine le temps d'arriver. Effectivement, en recevant de M. de Perrin une lettre par laquelle il m'appelait à grands cris, et pour plaider et pour faire le dépôt, inévitable selon lui, de notre bilan, je n'eus que peu d'heures pour faire mes préparatifs, louer une chaise de poste, saisir un avocat, et partir pour Saulieu où j'arrivai le jour de l'audience à deux heures du matin.

Mon arrivée à Saulieu pour soutenir ce procès. Quel accueil j'y reçois.

Ce que j'eus à y dévorer d'outrages est inimaginable : chacun se croyait le droit de m'insulter publiquement; et il n'est pas jusqu'au fonctionnaire dont j'ai parlé, le maire de Précy, qui, venu pour renforcer ses amis, n'ait aussi voulu me donner son coup de pied. Le plaidoyer de Me G. fut une confuse diatribe où la question était noyée dans des torrens d'injures. Mon avocat obtint huit jours pour étudier la cause et préparer ma défense.

Incroyable égarement de l'opinion publique sur mon compte.

On dira peut-être : Mais sur quoi donc étaient fondées ces injures et ces calomnies? Sur les lettres de M. Bocquet soustraites de mon secrétaire, avec effraction, par M. de Nansouty, comme je l'ai déjà fait connaître. On prétendait y voir la preuve d'un vol de 450,000 fr., en actions et en espèces, commis par M. Bocquet et par moi, de complicité avec lui, au préjudice de M. de Nansouty. Ajoutez-y des soupçons de toute nature, confusément articulés par M. D., sur ma gestion. Tel était le point de départ. Alors venaient cent inventions plus extravagantes ou plus niaises les unes que les autres; romans sur romans; et tout finissait par les mots de voleurs et de brigands. Du reste il est impossible de se figurer ce spectacle, de se figurer tout un pays déraisonnant sous l'influence de quelques hommes : il faut l'avoir vu. J'ai compris alors les contes de la mythologie, car j'étais devenu une sorte de personnage mythologique sur lequel s'exerçait de toutes façons l'imagination du peuple.

M. de Perrin est blessé dans un guet-apens.

Mon retour à la Maison-Neuve fut l'occasion de nouveaux mouvemens parmi les ouvriers, qui vinrent en masse m'assaillir de leurs réclamations. Le soir nous dînâmes, M. de Perrin, mon avocat et moi, dans une auberge de la Maison-Neuve, qui est en même temps un café. Nous y fûmes cernés, provoqués, et exposés jusqu'à minuit à un guet-apens, dont M. de Perrin ne se tira qu'avec une grave blessure à la tête qui le retint plusieurs jours au lit. Cette affaire, portée, à la diligence du procureur du roi, devant le tribunal de police correctionnelle de Semur, y fit condamner, à un mois et à huit jours de prison, le notaire M. et deux de ses complices. En appel, un des complices se chargea de tout; et cette circonstance, jointe à de puissantes sollicitations et à des considérations d'humanité, fit acquitter les deux autres.

Revente de nos charbons de bois.

De Paris, j'avais fait un voyage pour revendre nos charbons de bois, et préludé à ce marché, qui était la première opération de la liquidation, celle qui devait nous mettre à même de solder enfin nos malheureux ouvriers. Je m'étais adressé à MM. Martenot frères, successeurs de M. de Nansouty dans l'exploitation des hauts fourneaux d'Ancy-le-Franc et de Frangey. MM. Martenot frères, MM. Bazile, Louis, Maître et compagnie, de Chatillon-sur-Seine, et M. Guérard d'Aisy, étaient les seuls maîtres de forges placés de manière à nous racheter nos approvisionnemens; car le directeur des hauts fourneaux de Monzeron, voisin des nôtres, avait déjà reçu de M. de Nansouty, en payement d'une créance, plus de charbons que sa halle n'en pouvait contenir. Les trois maisons dont je viens de parler eurent le bon esprit de s'associer, et s'assurèrent ainsi le monopole de l'achat à notre égard. Il n'était pas possible que nous allassions vendre ailleurs. Le prix qu'elles nous offrirent était convenable : il nous occasionnait sans doute beaucoup de perte; mais, à cause des frais de transport et du déchet qui se fait en route, il ne leur laissait pas un grand bénéfice sur celui des charbons qu'elles pouvaient se procurer dans leurs localités respectives. Il était d'ailleurs, pour une quantité quintuple, le même que le prix à raison duquel M. de Nansouty avait soldé notre dette envers l'usine de Monzeron; et le mode de mesurage était, dans ces deux marchés, également à la volonté de l'acheteur.

Aujourd'hui les marchands de bois vendent 10 fr. 50 c. ce que nous avons vendu 12 fr.

M. Bouaut et M. de Nansouty nous empêchent de recevoir des règlemens.

Au reste, l'immense avantage que présentait cette opération était de nous faire rentrer sur-le-champ dans une somme d'environ 130,000 fr., en règlement à deux, quatre et six mois, dont l'escompte immédiat nous était assuré. Les conventions étaient déjà signées par M. de Perrin et par deux des acheteurs; il n'y manquait que la signature du troisième. Par malheur, M. Martenot aîné passa par Dijon et vit M. Bouaut : celui-ci lui déclara qu'il ferait une faute en nous réglant, parce que les charbons ne seraient pas enlevés, et que l'établissement allait être mis en faillite. C'est sans doute pour se donner les moyens d'accomplir sa prédiction que M. Bouaut s'était hâté d'acquitter avant protêt deux billets souscrits par nous, payables dans Paris le 31 décembre, et de se les faire remettre; intervention sans motif, qui nous étonna fort, et que nous rendîmes inutile en le remboursant aussitôt. M. de Nansouty, de son côté, jura qu'il s'opposerait par tous les moyens à ce que les charbons fussent enlevés, et qu'il n'en sortirait pas une voiture de l'établissement. Effrayés, les acheteurs suspendirent la négociation, et me donnèrent rendez-vous à Chatillon pour aviser ensemble à ce que la situation permettait de faire.

Tableau de la détresse de l'établissement.

Ainsi je voyais m'échapper l'ancre de salut. Déjà cinq ouvriers des forges m'avaient assigné devant le juge de paix en payement de six mois de leurs gages. Des fournisseurs du pays et des entrepreneurs étrangers qui avaient travaillé pour les hauts fourneaux avaient porté leurs réclamations, soit devant le tribunal civil de Semur, soit devant le tribunal de commerce de Saulieu; ils avaient obtenu des jugemens par défaut, et même des jugemens contradictoires contre la Société, en la personne de M. de Nansouty, qui comparaissait pour dire *amen* à leurs demandes presque toujours exagérées. M. de Perrin et l'employé des bois, M. Martin (qui a coopéré avec intelligence et dévouement à la liquidation), avaient fait face, par des reventes et des échanges, à quelques-unes des échéances de la fin de décembre; mais il en restait encore de considérables. La caisse était vide; le portefeuille n'était pas riche: et quelles circonstances pour négocier! Les chevaux de l'établissement ont failli souvent manquer de nourriture. Puis nous n'avions, excepté M. Deratte, que de jeunes employés, improvisés, pour ainsi dire, et tout neufs. Une partie des comptes de nos ouvriers avaient disparu, on verra de quelle manière, et le reste était en désordre. La forge de la Maison-Neuve, n'ayant pas été suffisamment entretenue, ne pouvait plus marcher si une partie de ses mécanismes n'était renouvelée. L'établissement, ouvert de toutes parts et constamment rempli par les ennemis et les agitateurs, ne me laissait pour refuge que le bureau, et mon appartement où M. de Perrin gisait dans son lit. Il fallait que je me multipliasse pour, en même temps, contenir trois cents ouvriers, auxquels l'inquiétude et les suggestions faisaient à chaque instant quitter le travail; visiter et rassurer les créanciers; soutenir chaque semaine des procès en trois endroits différens; aller où m'appelaient les négociations pour la revente des matières. Il fallait voyager toutes les nuits pour économiser les jours; et je courais, à chaque départ, le risque d'être arrêté par les ouvriers, auxquels on persuadait, pendant toutes mes absences, que je m'étais enfui avec la caisse.

Mes explications au tribunal de commerce de Saulieu confondent la calomnie et me font gagner le procès en dissolution.

Néanmoins le discrédit moral que m'avaient infligé mes adversaires était leur principale force. En leur ôtant cette ressource, je préparai leur entière défaite. Un quart d'heure d'explications que je donnai au tribunal de commerce de Saulieu sur les relations de M. Bocquet avec M. de Nansouty, sur les motifs et le sens de la lettre incriminée, produisit une sorte d'effet magique, et, comme un rayon de lumière, dissipa tous les fantômes dont les imaginations étaient remplies. Mon avocat fit valoir contre la demande des moyens de droit, dont le premier était une fin de non-recevoir empruntée à ma qualité de gérant et aux limites de mes attributions. Apaisé sur le côté moral de l'affaire dont il était surtout préoccupé, le tribunal se rendit sans peine à ce premier moyen, et, trois semaines après, prononça un jugement très-développé, dans lequel, me renvoyant de l'instance comme assigné mal à propos, il donna à M. de Nansouty un délai de trois mois pour revenir avec un défendeur qu'il aurait fait élire spécialement par les actionnaires. Au lieu d'exécuter cet arrêt préparatoire, M. de Nansouty s'en rendit appelant; mais il n'a pas encore donné suite à son appel.

Un jugement postérieur achève de ramener l'opinion.

Deux mois après, un autre jugement du tribunal de police correctionnelle de Semur achevait de me réhabiliter dans l'opinion, et de mettre au grand jour l'audacieuse mauvaise foi de M. de Nansouty et de ses partisans.

Mon arrestation illégale; ses bons effets; opérations de la liquidation faites en prison.

Mais, dès la séance du tribunal de commerce où j'avais donné mes explications, toute la partie éclairée du public m'avait absous. Un incident mit même de mon côté l'intérêt que mes ennemis avaient tâché d'exciter en leur seule faveur : au moment où je me rendais à l'audience, un huissier vint, par une illégalité flagrante et qui pouvait lui valoir une destitution, m'arrêter en vertu d'un jugement obtenu contre M. de Nansouty, et d'un premier commandement fait à la personne de ce dernier. Il m'avoua qu'il avait été chargé de me prendre à la Maison-Neuve, avant l'heure présumée de mon départ, et de me conduire à la prison de Semur; mais qu'étant parti de nuit, je lui avais échappé. Le complot était ourdi pour m'empêcher de paraître au tribunal et d'y faire briller la lumière. M. de Nansouty et les siens, rangés en haie, se donnèrent le plaisir de me voir emmener à la maison d'arrêt de Saulieu; ils espéraient peut-être qu'on m'y laisserait. Mais M. le président du tribunal m'envoya sur-le-champ un sauf-conduit; et lorsqu'après l'audience, je fus rentré dans la prison, il vint m'y voir et m'exprimer l'indignation que le tribunal avait ressentie de cette odieuse conduite. Ce ne fut pas la seule visite notable que je reçus. En outre, la prison ne désemplissait pas de mes ouvriers. Enfin, pendant deux jours que j'y restai, j'eus la satisfaction d'y faire à des marchands de bois des cessions de nos bois de Morvan, qui déchargèrent considérablement la liquidation.

Je délègue en payement aux ouvriers le prix des charbons.

Rendu à la liberté, qu'une surprise m'avait ôtée, je m'occupai activement d'un objet capital, d'assurer le sort des ouvriers. Ne pouvant plus obtenir les règlemens qui m'eussent permis de les solder sur-le-champ et d'en renvoyer tout le superflu, je pensai à profiter autrement du nouveau traité fait à Chatillon avec MM. Martenot, Bazile et Guérard. Il portait que les charbons seraient enlevés en cinq mois, et payés à la fin de chaque mois, en espèces, par cinquièmes. Le jour même où je fus condamné, faisant défaut, à payer les ouvriers poussés par mes adversaires devant la justice de paix, je les avais harangués, après l'audience, pour les inviter à accepter et à faire accepter par leurs camarades la délégation du prix des charbons. Comment parvins-je à réaliser cette idée au travers de tous les obstacles qu'on me suscita? Je m'en étonne encore. Il m'en coûta une seconde harangue au même tribunal; bon nombre de démarches et d'autres discours pendant trois mortelles semaines; la recherche des anciens ouvriers des hauts fourneaux dispersés à cinq lieues à la ronde dans le pays; l'enregistrement du marché fait avec MM. Martenot, Bazile et Guérard; deux actes notariés de transport de créance, des actes d'acceptation des débiteurs à Ancy-le-Franc et à Chatillon, etc. Mais enfin je réunis plus de deux cent cinquante signatures d'ouvriers, qui consentaient à recevoir en payement d'un arriéré de sept mois, par portions mensuelles égales à un cinquième et jusqu'à due concurrence, le prix des charbons également payable de cette manière. Appuyés sur cet exemple, et en bataillant convenablement, nous parvînmes à faire patienter aussi les deux cents autres, que le mauvais vouloir ou les circonstances avaient empêchés de signer, et à les payer à peu près sur le même pied avec l'excédant que les premiers nous laissèrent.

MM. D. et P. ont l'adresse de nous priver pendant trois mois de la partie de nos livres qui nous est la plus nécessaire.

Une difficulté grave se présenta dans l'accomplissement de cette mesure ; elle nous était suscitée par MM. P. et D. Ce dernier, en partant de la Maison-Neuve, après l'installation de M. Deratte, après avoir reçu sa visite, après avoir vu les pouvoirs dont je l'avais investi, s'avisa, sans en dire mot à personne, de déposer chez le notaire M., nos journaux de fabrication qui renfermaient les comptes des ouvriers des deux forges ; et la première chose qu'on nous fit demander par ces ouvriers, c'était le règlement de leurs comptes. J'écrivis à M. P. pour réclamer ces journaux qu'il avait eus dans sa possession. Il se borna, dans sa réponse, à m'instruire du dépôt que je viens de rapporter. Le notaire le niait publiquement ; d'ailleurs il ne suffisait pas d'en être informé. Ne me fiant pas à M. P., je priai le président du comité de réclamer de M. D. l'autorisation de retirer nos livres des mains du notaire ; cette autorisation se fit attendre si longtemps, que je jugeai prudent, pour me mettre en mesure et prouver aux ouvriers ma bonne foi, de faire assigner M. D., le notaire, et le comité en restitution devant le tribunal civil de Semur. J'avais commencé par prévenir le comité du but et de la nécessité de cette assignation, qu'il me coûtait beaucoup de lui donner. Les distances exigeaient un délai d'environ vingt jours entre l'assignation et la comparution : pendant ce délai, le notaire me mit en demeure par exploit, de recevoir les livres, mais après qu'ils auraient été cotés et paraphés par lui, et que l'état en aurait été bien constaté, selon les instructions expresses qu'il avait reçues du comité de surveillance. Je ne vis dans cette offre qu'un leurre pour me faire abandonner mon assignation. Toutefois, après plusieurs jours d'indécision, pour ne rien négliger je voulus en essayer. Il y avait, je crois, trente-cinq cahiers, dont six seulement nous étaient nécessaires : le notaire prétendit ne reconnaître ceux-ci que les derniers, et d'ailleurs ne les délivrer que tous ensemble ; puis dans une séance de cinq heures, il en reconnut trois, et ce fut la seule séance qu'il nous accorda de toute la semaine. A ce compte l'opération aurait exigé trois mois : je quittai vite la partie. La veille de l'audience où l'affaire devait se plaider, le 4 mars, il m'envoya, d'après de nouvelles instructions du comité, une sommation, à laquelle j'obéis, de recevoir une restitution pure et simple. Cette petite histoire, qui est racontée tout entière dans des exploits d'huissiers, peint les hommes en question et donne un échantillon de leurs manœuvres.

Comptes faits approximativement avec les ouvriers.

Ainsi nous étions réduits, dans les actes de transport, à désigner provisoirement, comme dues aux ouvriers, des sommes dites approximatives, mais qui montèrent au double de la réalité et qui grossirent les frais d'enregistrement.

M. de Nansouty tâche d'empêcher l'enlèvement des charbons, et plus tard les payemens.

Après avoir voulu faire échouer cette grande mesure, on voulut en entraver l'exécution. M. de Nansouty excita, mais vainement, les ouvriers à empêcher de vive force ou par opposition légale le premier enlèvement des charbons ; ensuite, à l'échéance de chaque terme, il fit des oppositions aux payemens entre les mains des acheteurs, qui eurent le sens de ne s'y pas arrêter. J'ignore ce qu'il y pouvait dire de raisonnable, de spécieux même ; mais c'était là son moindre souci.

Par une précaution négligée de M. de Nansouty, j'assure la fabrication et le sort des ouvriers.

Ce n'était pas tout que d'avoir pourvu au passé, il fallait songer au présent et à l'avenir ; il fallait nous procurer les moyens de garder nos ouvriers pendant au moins l'espace de cinq mois, et de leur payer régulièrement désormais le salaire de leur nouveau travail. C'était chose prévue et déjà faite.

M. de Nansouty, le jour même de son départ pour l'assemblée du 2 décembre, avait signé un traité par lequel, recevant de MM. Martenot, dans le courant de l'année, au moins un million de kilogrammes de fontes, il s'engageait à leur convertir ces fontes en fer, moyennant un prix déterminé de fabrication, et le partage par moitié des bénéfices de la vente. Mais il ne devait toucher ce prix de fabrication qu'à l'époque des rentrées, c'est-à-dire après plus de huit mois. Cette clause était absurde dans toute position, et inexécutable dans la nôtre. Avant de donner suite à ce traité, j'obtins de MM. Martenot qu'ils s'obligeassent à nous solder en espèces, dans la première quinzaine de chaque mois, tout le prix de la fabrication du mois précédent, sauf à se bonifier plus tard un escompte basé sur les conventions primitives. Cette obligation, même imparfaitement tenue, a servi à maintenir les forges en activité jusqu'aux mois de mai et de juin, époque où les eaux se sont tout à fait retirées.

Cessions de bois.

Les mêmes MM. Martenot et leurs associés avaient achevé de nous débarrasser de nos bois sur pied, en reprenant ceux des environs de Semur.

Ventes de fers.

Nous avions payé d'autres bois avec le reste de notre fabrication de fers. Nous nous étions assuré des rentrées par des ventes en bloc et au comptant de portions plus au moins considérables de notre magasin. Ces ventes avaient dû se faire au-dessous du cours; d'abord, parce que les marchands de la localité, dont le débit est peu considérable et restreint particulièrement à certains échantillons, s'exposaient à ne pouvoir placer de longtemps les fers dont ils nous prenaient une masse et des échantillons de toute sorte; ensuite, parce que la qualité de ces fers avait été altérée par l'emploi des fontes de Monzeron, dont M. de Nansouty avait eu le tort d'acheter une trop grande quantité avant de les connaître. Toutefois, les rabais que nous avons subis n'ont jamais excédé 20 fr. par 1,000 kilogrammes sur le cours de Paris, et souvent ils nous ont laissé plus de bénéfice que ce cours même; ils ont été par conséquent si peu considérables en général, qu'il ne faut y faire entrer pour rien les nécessités de notre position, dont pourtant il aurait été naturel que les marchands cherchassent à profiter.

Secours fourni par des actionnaires.

Cependant ces opérations n'avaient pu se faire si promptement que, pour apaiser des dettes criardes contractées, soit envers des étrangers qui avaient hâte de retourner dans leur pays, soit envers des partisans de M. de Nansouty, qui nous poursuivaient à outrance, je ne fusse contraint de faire un pressant appel à la bonne volonté et à la confiance d'actionnaires de Lille. Cet appel fut entendu et me procura une avance de 35,000 fr., qui acheva de nous tirer des premiers et des plus redoutables écueils. Je comptais la rembourser en quelques mois : elle est encore due aujourd'hui. Voici pourquoi.

Concert entre M. de Nansouty et M. Bouaut pour avantager ce dernier aux dépens de la Société.

M. de Nansouty avait, comme on l'a vu, fait à M. Bouaut un second transport de créance sur MM. Martenot, et M. Bouaut nous avait attaqués pour faire déclarer que ce transport devait l'emporter sur le nôtre. Effectivement le tribunal, influencé par les efforts de la calomnie, toute-puissante alors, ferma l'oreille aux réclamations que je fis entendre au nom de l'équité, et auxquelles il ne lui était pas légalement impossible de s'arrêter. Croyant que la délégation consentie à M. Bouaut joignait la bonne foi à la régularité, il adjugea aux demandeurs, suivant les termes de cette délégation et suivant sa demande, le solde du compte à faire entre MM. Martenot et de Nansouty. Mais dans ce solde n'étaient pas compris les 200,000 kilogrammes de fonte, qui devaient figurer au contraire dans le compte lui-même. Or ils avaient été non-seulement cédés explicitement, mais encore facturés à la Société et passés par M. de Nansouty lui-même, à son crédit, sur nos livres, dès le 31 août 1839. M. Bouaut, voulant s'emparer aussi de ces fontes, se fit faire par MM. de Nansouty père et fils, le 19 novembre, des billets de l'importance de 30,000 fr., comme si c'était à lui que les fontes eussent appartenu, et comme si c'était lui qui les eût vendues à la Société. Ces billets échéaient le 15 mars, deux mois plus tôt que le terme ordinaire accordé à la vente des fontes blanches. Pour en assurer le payement, M. de Nansouty fit, entre les mains d'une maison de Paris qui me devait des règlemens courts montant à 43,000 fr. environ, une opposition qui lui défendait de me les remettre; opposition aussi dénuée de légalité que de sens commun, mais qui intimida à ce qu'il paraît cette maison. De mon côté, j'arrêtai la livraison des fers qu'elle m'avait achetés. Le 15 mars, M. de Nansouty me fit offrir mainlevée de sa défense si je voulais donner mainlevée de la mienne et livrer les fers, en autorisant la maison dont il s'agit à intervenir au payement des billets faits à l'ordre de M. Bouaut, en déduction du prix de ces fers. Je refusai. Depuis lors, les choses sont restées à peu près dans le même état. M. Bouaut nous a assignés en payement de ses billets; mais comme, d'une part, ils ne portent pas la signature sociale, que de l'autre, ils sont fondés sur une cause mensongère et frauduleusement imaginée, le tribunal de commerce de Saulieu nous a renvoyés de sa demande. M. Bouaut a interjeté appel de ce jugement tout récent devant la Cour royale de Dijon. D'un autre côté, j'avais assigné la maison de Paris en exécution du marché fait avec elle. Elle a mis M. de Nansouty en cause. Le tribunal de commerce de la Seine a nommé un arbitre pour nous concilier ou faire un rapport. L'affaire en est là; les événement m'ont empêché de la suivre.

La liquidation triomphe de tous les obstacles.

Malgré ces tracasseries, malgré une foule d'autres que je passe sous silence, malgré d'interminables chicanes, toujours suscitées sous des noms divers par M. de Nansouty ou ses partisans, et qui m'ont conduit depuis cinq mois, presque chaque semaine, devant le tribunal de commerce de Saulieu, la liquidation commença bientôt à voguer à pleines voiles; les écritures furent éclaircies, redressées, complétées; l'établissement fut fermé, du moins en partie, et soumis à une vigilante police; l'ordre fut rétabli partout, les usines se réparèrent, et marchèrent pendant les mois de février et de mars, mieux qu'elles n'avaient fait depuis le commencement de l'entreprise; au point que sur la conversion en fer de 725,000 kilogrammes de fontes provenant de MM. Martenot, quantité à laquelle nous a réduits une sécheresse prématurée, nous avons économisé 50,000 kilogr. (c'est-à-dire une valeur de 9,000 fr.) qui nous appartenaient d'après les conventions; ce qui a fait une ample compensation aux quelques indemnités que nous avons dû allouer, et aux avantages que nous avons dû céder à MM. Martenot, pour n'avoir pas entièrement exécuté le marché qui nous obligeait à convertir en fer au moins un million de kilogrammes de leurs foutes.

Désappointement de mes adversaires. Leur nouveau plan.

Quel désappointement pour M. de Nansouty et son parti! et pour MM. P. et D., qui s'étaient ligués étroitement avec ce parti, qui correspondaient avec le notaire M., avec le maire de Précy, et même avec..... les anciens employés R. et Rich.!

Mais ils avaient la ressource, plus convenable à leur génie, de m'attaquer par un côté qui n'était pas défendu, de m'attaquer à Paris sourdement et en mon absence, de me rendre suspect à ceux dont j'avais si vaillamment défendu les intérêts, de me faire dépouiller de cette puissance si formidable aux adversaires de la Société. Ainsi un habile ennemi sait obtenir par ses intrigues le rappel d'un général qu'il ne peut vaincre.

M. D. persiste à ne faire aucun rapport. M. P. convoque une assemblée générale.

M. D. différait toujours l'envoi de son rapport, dont il prétendait toutefois se faire largement payer. En vain les membres sincères du comité de surveillance se plaignaient amèrement de cette conduite : au lieu de livrer un rapport, M. P. donnait au comité la lecture, préalablement déclarée confidentielle, de fragmens de lettres où M. D. diffamait l'affaire et le gérant. J'étais opposé à la convocation d'une assemblée, que je croyais inutile et dangereuse dans les circonstances présentes. Mais l'insistance de M. P. était telle pour cette convocation, que, de peur de devenir suspect, j'y donnai les mains, en lui laissant toutefois la responsabilité de cette mesure. Il fit les insertions dans les journaux, et par ses démarches prépara les mémorables séances du 16 et du 17 mars 1840.

Tableau de l'assemblée du 16 mars 1840. Scandales inouïs.

Entrez dans le lieu de la réunion : qui reçoit et enregistre les actions? Ce sont MM. R. et Rich..., ces anciens employés séditieux, chassés de l'établissement; tout à l'heure ils figureront dans l'assemblée en la fausse qualité d'actionnaires. La séance s'ouvre : le plus intrépide discoureur, c'est l'avocat G., l'adversaire perpétuel de la Société devant tous les tribunaux, l'homme dont la langue injurieuse n'a cessé d'être au service de tous ceux, grands et petits, qui l'ont attaquée. La parole appartient encore à l'avocat M., orateur mielleux et perfide, âme damnée de M. Bouaut, étalant son zèle aux yeux de son patron, qui n'a pas dédaigné d'assister lui-même à cette lutte décisive. Puis vous entendrez hurler une tourbe d'inconnus chaque fois que ces chefs en auront donné le signal. Pour premier exploit, M. P., une heure avant la séance, a voulu que tout le comité donnât sa démission : un seul membre a résisté; c'est celui-là même qui préside l'assemblée. On le menace de destitution, et il est forcé de quitter le fauteuil et de résigner ses fonctions. Les nouveaux membres qu'on élit sont des hommes très-honorables sans doute, mais deux sont étrangers à la capitale, et les deux autres, déjà fascinés par M. P., ne verront que par ses yeux et seront les dociles instrumens de ses desseins; il va sans dire qu'il se fait nommer leur collègue. Mon tour arrive : on veut me destituer sans m'entendre. Quelques actionnaires étonnés réclament, deux entre autres, avec une rare énergie : on les injurie et on les menace. Je lutte trois heures contre le tapage, l'indifférence et la moquerie, et je parviens à tracer une esquisse rapide de ce que j'ai fait et souffert pour le salut de l'établissement. Alors se lève celui qui doit jouer le rôle d'accusateur public, et formuler les griefs de la Société contre ma gestion. Quel est-il? l'ingénieur Rich..., cet employé incapable, qui en dix mois n'a rien su faire de la machine à vapeur, qui a fomenté la discorde entre M. de Nansouty et moi, qui a fait révolter les ouvriers, qui s'est attiré une expulsion depuis si longtemps méritée, et dont la justice a été proclamée par un tribunal, qui depuis lors vit dans une oisiveté honteuse à la Maison-Neuve, et ne s'occupe qu'à y exciter des désordres. C'est le digne allié de M. P. : dans les premiers temps il ne lui trouvait pas l'air d'un homme de génie, mais, plus tard, il a pensé à en faire un gérant; et tout à l'heure il vient de le proposer pour membre du comité de surveillance avec son camarade R. et l'avocat M. Vous ne rirez pas trop de l'attitude, des gestes et du ton de ce nouvel orateur, car vous serez indigné. Savez-vous ce qu'il me reproche? toutes les mesures de salut, la vente des charbons, celle des fers, etc., d'autres choses qui remontent beaucoup avant l'assemblée du 2 décembre, toutes dictées par des convenances ou des nécessités, mais dont il ignore profondément, dont il est incapable d'apprécier la raison et le but. M. P. vient lui-même apporter d'une main remarquablement maladroite, sa pierre à l'édifice de l'accusation : il me reproche une omission qui appartient à la constitution de la Société, qui est antérieure à ma gestion, et dont les conséquences fâcheuses, si elle en doit avoir, seront l'œuvre de l'avocat G., et le fruit d'un jugement qu'il a fait rendre contre la Société Nansouty frères au tribunal civil de Semur. J'ai vu le moment où M. de Nansouty lui-même allait m'accuser de ne l'avoir pas contraint à tenir une promesse de son prospectus. Je répondis, et dissipai sans peine toutes ces accusations frivoles et insensées. Que fit alors l'assemblée? elle passa aux voix et déclara que ma gestion n'était pas satisfaisante, et qu'il y avait lieu de pourvoir à mon remplacement.

M. D. désigné pour le remplacer.

« On demanda qui l'on mettrait à ma place : une voix basarda M. D. Qu'est-ce que M. D.? crièrent plusieurs actionnaires. M. P. refusa d'abord modestement de donner lui-même des renseignemens sur son ami. Mais comme personne n'en pouvait donner, il prit la parole et protesta que M. D. était un habile maître de forges et un honnête homme. Là-dessus on vota la nomination de M. D. pour me remplacer, et l'on convint qu'une nouvelle réunion serait convoquée pour recevoir son acceptation et en régler les conditions avec lui. Je priai l'assemblée de fixer un terme à mes fonctions, on s'y refusa avec des paroles grossières, et l'on admit que ma responsabilité n'était en rien atténuée par les votes précédens.

Le comité de surveillance ne veut pas s'éclairer sur la situation de l'établissement.

Huit jours s'écoulèrent. J'étais fort inquiet de ce que l'établissement allait devenir; j'écrivis au nouveau comité de surveillance, dans la personne d'un de ses membres, une lettre où je lui demandais une réunion pour lui faire connaître la position de l'établissement dont il n'avait pas la moindre idée, et lui donner tous les renseignemens propres à baser les plans de réorganisation qu'il était urgent de former. Car il ne me semblait pas croyable qu'on n'eût voulu accomplir qu'un suicide, et que cette révolution dans la gérance ne dût pas aboutir à une réorganisation. Je n'obtins pas de réponse. J'appris indirectement qu'on avait écrit à M. D.; je résolus de l'attendre, et de ne quitter Paris qu'après l'avoir vu.

Voyage de M. D. à la Maison-Neuve.

Il arriva dans les premiers jours d'avril, m'aborda avec des manières tout aimables, et me donna rendez-vous à la Maison-Neuve. Muni d'une lettre du comité de surveillance qui l'accréditait auprès de moi comme son représentant, il reçut un accueil dont il n'eut pas lieu de se plaindre: tout fut mis à sa disposition, les hommes et les choses. Il se contenta de me faire quatre visites, et de me demander des états de situation très-détaillés qu'il emporta. Il resta trois semaines à la Maison-Neuve, reçut un banquet de M. de Nansouty et des siens, fit quelques promenades dans la localité, toujours avec M. de Nansouty, qui ne le quittait pas plus que son ombre, et partit, en passant par Dijon pour voir M. Bouaut.

Je continue mes fonctions; le comité m'entrave.

J'avais repris les rênes de l'établissement, et le gouvernais comme d'ordinaire, bien que la publication d'un extrait du procès-verbal de la dernière assemblée, œuvre illégale du comité de surveillance, fît, par ses réticences, planer le doute sur la continuité de mes pouvoirs, conséquence nécessaire du maintien de ma responsabilité. Une infatigable malveillance se plaisait à augmenter les difficultés d'une position, où je persévérais à défendre avec courage les intérêts de tous. Heureusement qu'on n'avait pas invalidé l'ancienne signature sociale, et que les tiers trouvaient leur refuge dans cette signature.

Je fais tête au fisc.

C'est à cette époque que l'administration de l'enregistrement me fit une réclamation de 64,000 fr. à payer sur-le-champ; je répondis par une contre-réclamation de 22,000 fr. qui a tenu jusqu'ici la première en échec. Une copie de contrainte avait été adressée non-seulement à moi, mais à M. D., déjà parti de la Maison-Neuve, en prenant pour son domicile l'auberge où il était descendu.

Autres vexations. Ri-cule exploit de M. de ansouty. Ma réponse.

Après plus de deux mois, une nouvelle assemblée générale fut enfin convoquée pour entendre les propositions de M. D. Avant de partir pour cette assemblée, M. de Nansouty fit à tous mes débiteurs la défense de me payer, et me fit à moi-même celle de gérer, c'est-à-dire d'acheter, de vendre, et d'appliquer à qui que ce soit les valeurs sociales, attendu que je n'en étais plus que le simple gardien. Les exploits contenant ces défenses étaient pareils, et le modèle en était venu de Paris. Les conclusions y déraisonnaient, autant que les faits posés en principes y mentaient avec hardiesse ou avec ignorance. Je lui signifiai une réponse où, après avoir rétabli la vérité par un narré sommaire de tout ce qui s'était passé dans l'assemblée du 2 décembre, depuis cette assemblée, et dans celle du 16 mars, je terminais en disant:

« L'ensemble de ces faits montre évidemment que M. Madol, étant toujours responsable d'une responsabilité sans limites, peut et doit gérer comme par le passé, c'est-à-dire faire toutes les opérations nécessaires au bien-être de la Société, en dirigeant toutefois, comme le bon sens l'indique, les opérations actuelles vers la liquidation des précédentes où sa responsabilité est engagée, et en évitant, autant que possible, d'imposer par des traités nouveaux des obligations de longue haleine à la Société; en un mot, il doit simplifier sans cesse la situation et non la compliquer.

« M. de Nansouty ni personne n'a donc le droit de le condamner à une immobilité aussi funeste en application qu'absurde et inexplicable, même en théorie.

« Toutefois, il déclare surabondamment à M. de Nansouty, et à tout actionnaire imbu des mêmes idées, que ne gérant pas pour son plaisir, il est prêt à restreindre ses fontions au rôle qu'on indique, si M. de Nansouty ou tout autre lui fournit caution suffisante, au dire d'arbitres, pour garantir la Société et lui-même, contre lequel elle aurait son recours, des désastres que pourrait entraîner son inaction.

« Il prévient enfin M. de Nansouty que de son côté, au nom et pour le compte de la Société, il fait toutes réserves, et suivra, si la Société l'en charge, toute action en dommages-intérêts contre lui, pour le fait des entraves anciennes ou nouvelles apportées par lui, dans quelque intention que ce soit, à la paisible et régulière administration des affaires sociales. »

Esprit dans lequel j'ai agi. L'établissement n'a jamais eu que moi pour soutien. Incapacité de mes adversaires.

Non certes, je n'ai pas géré avec cette constance pour mon plaisir, mais pour mon honneur, et pour les intérêts de mes amis. Qu'est-il arrivé quand je me suis éloigné de l'affaire? qu'elle est tombée dans le chaos, et qu'elle s'est rapidement acheminée vers sa ruine. Que serait-elle devenue si je l'avais abandonnée après le 16 mars? Qui donc aurait soutenu les importans procès, et opéré les difficiles négociations qui ont signalé la fin de notre liquidation commerciale? Qu'ont fait MM. P. et consorts? qu'ont-ils produit, si n'est des avortemens honteux, des *fiasco* misérables?

Voyez comme l'assemblée récente du 27 mai a dignement couronné celle du 16 mars! Je leur avais laissé le champ bien libre, je m'étais interdit même de paraître à cette assemblée; ils ne peuvent pas dire que je les ai regardés en souriant ni de travers. Eh bien! ils n'ont pas même su (à moins qu'ils ne l'aient pas voulu), avec tous les documens qu'ils possédaient, donner aux actionnaires les moindres éclaircissemens sur la situatio n ils n'ont su leur proposer aucun plan, aucune mesure de régénération progressive; ils n'ont su que leur faire la ridicule demande d'une somme de 450,000 fr. qui semblait uniquement destinée à amener celle d'une liquidation judiciaire. N'ai-je pas le droit de dire que la nullité de leur esprit est au moins égale à la méchanceté de leur cœur, et leur triste impuissance à leur funeste jalousie?

BIBLIOTHEQUE ROYALE

CONCLUSION.

Je n'ai pas voulu composer un plaidoyer, mais une histoire : j'ai pensé que cette histoire serait le plus éloquent plaidoyer, racontée comme elle l'est avec une exactitude et une vérité qui paraîtront d'elles-mêmes aux yeux des connaisseurs, et qu'au besoin mettraient hors de doute une foule de documens et de témoignages.

Je m'en tiens, pour le présent, à mon récit, laissant à l'intelligence et à la justice de chacun le soin d'en tirer telles conclusions et d'y appuyer tels jugemens qu'il lui plaira.

Mais si le mensonge et l'iniquité m'y forcent, par la continuation d'une guerre insensée, je saurai moi-même donner mes conclusions et mes jugemens à la suite de ce récit : il deviendra le prélude d'une argumentation où la vérité sera rendue plus éclatante encore, où les hommes et leurs actes, les choses et leurs conséquences seront examinés, appréciés, qualifiés avec une sévérité que ratifiera, j'espère, la conscience publique, et en des termes dont la voix publique se fera l'écho.

PARIS. — IMPRIMERIE LE NORMANT, RUE DE SEINE, 8.

www.ingramcontent.com/pod-product-compliance
Ingram Content Group UK Ltd.
Pitfield, Milton Keynes, MK11 3LW, UK
UKHW020325220726
13923UKWH00003B/1376